BIBLIOTHÈQUE
BIOLOGIQUE INTERNATIONALE

PUBLIÉE SOUS LA DIRECTION

De M. J-L. de LANESSAN

Professeur agrégé d'histoire naturelle à la Faculté de médecine
de Paris.

III

DE L'EMBRYOLOGIE

ET

DE LA CLASSIFICATION

DES ANIMAUX

PAR

E. RAY-LANKESTER

Professeur de zoologie et d'anatomie comparée à l' « University College »
de Londres.

Traduction française d'un mémoire publié en anglais dans le *Quaterly
microscopical Journal*, 1877.

Avec 37 figures dans le texte.
(Toutes les figures sont reproduites).

PARIS

OCTAVE DOIN, ÉDITEUR

8, PLACE DE L'ODÉON, 8

—

1881

DE L'EMBRYOLOGIE

ET DE

LA CLASSIFICATION DES ANIMAUX

———

I

LA THÉORIE DE LA PLANULA.

Préliminaires. — Le but de cet essai est de présenter sous une forme concise la phase dans laquelle sont actuellement entrées les théories que j'exposai d'abord dans un article intitulé « Des feuillets germinatifs de l'embryon envisagés comme bases de la classification généalogique des animaux », publié dans *The Annals and Mag. of natural history* mai 1873.

Les points les plus importants de cet article étaient l'indication de trois degrés de développement complexe dans le règne animal : l'*homoblastique*, limité aux Protozoaires ; le *diploblastique* n'embrassant rien au delà des Zoophytes ou Cœlentérés; et le *triploblastique* comprenant tous les animaux supérieurs, lesquels diffèrent des Zoophytes par une modification de structure des

deux feuillets primordiaux. En effet, un troisième
feuillet apparaît entre les deux feuillets germinatifs et donne naissance aux muscles, à la cavité
viscérale et au système vasculaire sanguin. L'origine précise de ce troisième feuillet, aussi bien
que ses rapports exacts avec la cavité du corps et
les vaisseaux hæmolymphatiques, étaient indiqués
comme demandant une attention et des observations particulièrement minutieuses ; de plus, dans
cet article, il était prouvé que l'embryon diploblastique et l'embryon triploblastique après avoir
passé par la condition de *polyplaste* entrent dans
la phase de la **Planula**. La **Planula** était définie
comme un sac, dont la paroi est composée de
deux couches de cellules : un *ectoderme* et un
endoderme. On supposait qu'une telle Planula était
l'ancêtre commun de tout embryon diploblastique
et triploblastique ; le premier gardant sa structure particulière avec de petites modifications,
tandis que le second allait plus loin et acquérait
un troisième feuillet et le système de l'hæmo-
lymphe qui est en connexion avec ce feuillet.
L'existence d'une ouverture. conduisant dans la
cavité formée de deux couches de cellules de la
Planula, n'était pas un trait essentiel de la forme
de l'ancêtre parvenu à ce point ; j'avais, en effet,
pris soin d'insister, dans l'essai dont je parle, sur
ce que les deux couches de cellules de la Planula

prennent leur source, dans le développement actuel de l'embryon diploblastique et triploblastique, de deux manières différentes, que je désignais respectivement sous les noms de *délamination* et *d'invagination*. Quand la couche la plus profonde de cellules ou couche endodermique se forme par délamination de la face interne d'un polyplaste creux, dont la paroi était formée par une seule couche primitive de cellules, il en résulte une Planula sans ouverture, formée d'une double couche de cellules; subséquemment un orifice se produit, par rupture de la paroi de la Planula et par la multiplication en ce point de cellules ectodermiques. Ce genre de formation paraît limité à quelques Zoophytes.

Le mode de formation par invagination, dans lequel une partie de la paroi d'un sac à couche unique de cellules rentre dans l'autre moitié et donne naissance à une couche interne de cellules, paraît être de beaucoup le mode le plus commun d'origine de la Planula à deux feuillets. Dans ce cas, la cavité formée par invagination et limitée par les cellules endodermiques invaginées est (pour un temps du moins) ouverte à l'extérieur par l'orifice d'invagination. J'ai indiqué, dans l'essai auquel ces remarques se rapportent, que, suivant quelques observateurs, cet « orifice d'invagination » persiste, pour former la bouche de l'organisme parvenu à maturité, tandis que dans d'autres cas il se ferme, et dans d'autres encore devient l'anus.

En conséquence, des questions difficiles à résoudre sont ainsi soulevées : la bouche disruptive ou par résorption de cellules, de la Planula délaminée, peut-elle être considérée comme identique ou homogène avec la bouche persistante, formée par l'orifice primaire d'invagination? Ce dernier genre de bouche est-il identique ou homogène avec l'ouverture anale des organismes dans lesquels l'orifice d'invagination persiste comme anus? Devons-nous considérer l'orifice d'invagination en même temps comme une bouche et comme un anus, comme un *proctostome* ou un anus primitif (*oranus*)?

Le professeur Huxley, qui, en 1875, publia quelques remarques à ce sujet (*On the classification of the Animal Kingdom*, in *Quart. journ. mic. sci.* janvier 1875, et article *Animal Kingdom*, in *Encyclopædia britannica*), adopta l'opinion à laquelle il adhère de nouveau (*Anatomy of the invertebrate animals*, Churchill, 1877), à savoir que nous pouvons distinguer parmi les animaux supérieurs des *archæostomatés* et des *deutérostomatés*, la première catégorie comprenant les animaux chez lesquels l'orifice d'invagination persiste comme bouche, tandis que la seconde catégorie comprend ceux chez lesquels l'orifice d'invagination disparaît ou devient l'anus, pendant qu'une bouche secondaire est formée par résorption.

De plus longues réflexions sur ce sujet et de nouvelles observations me conduisirent, vers le même temps, à la conclusion (voir : *On the invaginate Planula of the Paludina*, in *Quart. journ. micr. sc.*, avril 1875) que nous n'avons pas de base pour affirmer que cette substitution d'une bouche secondaire à une bouche primitive ait eu lieu, puisqu'il est probable que l'orifice d'invagination des Planulas invaginées n'est originairement pas une bouche du tout, mais simplement la conséquence nécessaire de l'invagination et que cet orifice était destiné normalement à se fermer, comme le font les autres orifices d'invagination (vésicules optiques et auditives, canal nerveux des Vertébrés). En conséquence, je proposais de considérer l'orifice d'invagination au moyen duquel les Planulas invaginées acquièrent leur endoderme comme un simple *blastopore*, laissant ainsi la question de ses rapports avec la bouche et l'anus ouverte à des recherches ultérieures. L'opinion relative aux rapports historiques des Planulas délaminées et invaginées que je fus alors conduit à adopter consistait en ceci : que, partant d'un polyplaste creux, ou vésicule limitée par une couche unique de cellules, on pouvait parvenir au deuxième état, celui d'une vésicule à paroi formée de deux feuillets cellulaires, à l'aide de deux procédés : 1° plus rarement, par délamination ; 2° plus habituellement, par invagination, le blastopore ou orifice d'invagination se fermant et rendant ainsi les deux Planulas identiques à tous égards. A partir de ce point de réunion, les deux Planulas se comportent de la même façon, la bouche et l'anus, ou la bouche des Zoophytes seulement, étant des formations nouvelles, produites par résorption.

Cette esquisse préliminaire est suffisante pour me rendre apte à éclairer la distinction qui existe entre ce que je pourrais appeler « ma théorie de la Planula » et la *Gastrula* d'Hæckel, ou *théorie de la Gastræa*.

Les théories d'Hæckel furent d'abord esquissées dans sa Monographie des Éponges calcaires et furent publiées peu avant l'article des *Annales et Mag. Nat. Hist.* ci-dessus mentionné, bien que la substance de cet article ait été exposée auparavant dans mes conférences et n'ait subi en rien l'influence de la doctrine presque semblable, énoncée par Hæckel. Puisque toute la théorie et les recherches récentes relatives à la signification des feuillets germinatifs de l'embryon par rapport à la généalogie du règne animal est, en conséquence des écrits intéressants et vigoureux du professeur Hæckel, puisque, dis-je, cette théorie est généralement appelée (au moins dans ce pays la « théorie de la Gastræa d'Hæckel, » et puisque les points distincts d'une théorie identique, mais indépendante, sont susceptibles d'être méconnus ou mal compris, je parlerai de la dernière sur le nom de *théorie de la Planula* et indiquerai ce qui tout d'abord établit une différence fondamentale (coexistant avec une concordance fondamentale) entre la théorie de la Gastræa d'Hæckel et la théorie de la Planula.

Objections aux opinions de M. Hæckel. — La forme développée et historique qu'étudie la théorie d'Hæckel et à laquelle il donne le nom de Gastrula ou Gastræa, est identique à ma Planula diploblastique, avec la différence que cette forme a une bouche. Hæckel considère définitivement l'orifice d'invagination ou blastopore comme un « Urmund » ou bouche primitive, et, dans ses plus récents écrits, il a franchement émis cette proposition : que la Gastræa ancestrale est issue de l'invagination, que l'orifice d'invagination est la bouche, et que les cas dans lesquels le sac embryonnaire à deux couches de cellules est considéré comme produit par délamination, sont, comme il l'établit, dépendants de l'origine délaminée de l'endoderme dans les Éponges calcaires, cas dans lesquels les observateurs ont négligé à tort le phénomène d'invagination. Dans mon article de mai 1873, j'avais en vue la possibilité d'une idenlité entre le blastopore et la bouche primitive, et je supposais en effet que les Zoophytes pourraient être distingués des organismes les plus élevés, par ce fait qu'ils possèdent une bouche primitive, distincte de la bouche secondaire. Depuis cette époque, j'ai eu des raisons d'abandonner tout à fait cette idée que le blastopore représente une bouche, et je diffère sur ce point des professeurs Haeckel et Huxley.

Je suis encore moins d'accord avec eux quant à l'universalité de l'origine de la phase diploblastique par invagination. J'affirme que nous avons au moins un cas, en apparence bien observé, de la formation d'un endoderme par délamination (Fol, *Die erste Entwick. des Geryonidencies*, in *Jenaische Zeitschrift*, vol. VII, p. 47); je crois en outre que même, sans ce fait (qui doit être examiné de nouveau), il est possible de donner une explication plus satisfaisante des phénomènes primitifs du développement animal en adoptant l'hypothèse que l'endoderme formé primitivement par délamination est devenu plus tard invaginé par l'action des agents mécaniques. Il faut établir les mêmes séries de faits en concordance avec la doctrine d'Haeckel sur la Gastraea invaginée, portant une bouche.

Séries historiques concordant avec la théorie de la Planula — En conséquence, je passerai briève-

ment en revue ce qui, selon moi, a formé le cours
du développement historique, indiquant comment
ces différentes phases réapparaissent dans des
formes plus ou moins modifiées, eu égard au
développement embryonnaire actuel.

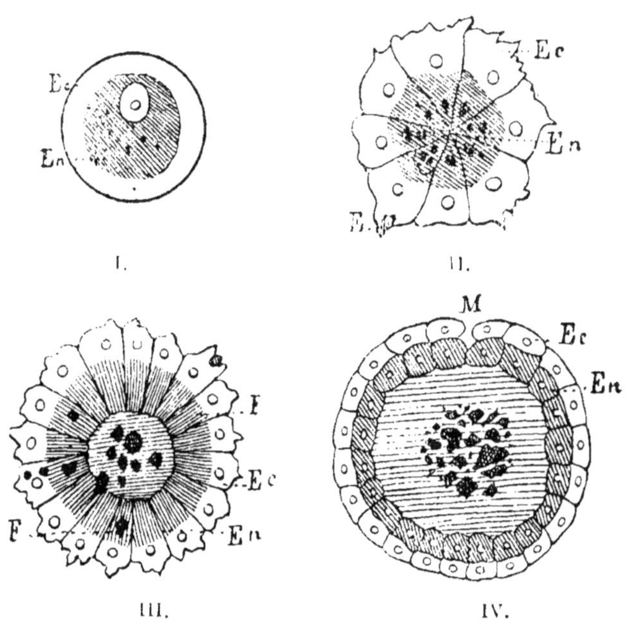

Fig. 1. Monoplaste ; *Ec*, ectoderme; *En*, endoderme. — Fig. 2. Section
optique de la Morula ; *Ec* ectoderme; *En*, endoderme ; *F*, particules
nutritives. — Fig. 3. Section optique de la Diblastula. Les lettres ont la
même signification que dans la fig. 2. — Fig. 4. Section de la Diblastula
après la formation de la bouche *M*; *Ec*, ectoderme ; *En*, endoderme.

1° *Le monoplaste Œuf.* — Les ancêtres unicellulaires des animaux supérieurs sont représentés par l'œuf unicellulaire. De même que nous
trouvons des animaux unicellulaires présentant
un ectoplasme différent de l'endoplasme, de

même nous trouvons l'ectoplasme et l'endoplasme différenciés dans beaucoup d'œufs. La différenciation des régions antérieure et postérieure, qui ne se voit que rarement dans les Protozoaires vivants, est la règle dans la phase monoplaste du développement individuel. De même que les animaux unicellulaires contiennent une matière granuleuse, que, sous le nom de métaplasme, on distingue du protoplasma hyalin dans lequel flottent cette matière, de même, dans l'ovule, nous trouvons une plus ou moins grande quantité de substance granuleuse qu'on peut considérer comme un matériel de nutrition.

Dans l'organisme unicellulaire, une partie de la matière granuleuse actuelle est le résultat de l'activité chimique du protoplasma, c'est-à-dire est le produit de l'assimilation et de la ségrégation subséquente, pendant que d'autres particules (ordinairement très grossières) sont des particules de nourriture qui ont été introduites, mais non assimilées. De même, dans la phase correspondante du développement individuel, nous trouvons que les matériaux de nutrition consistent en deux sortes de substances granuleuses, dont l'une a été prise par l'ovule de l'organisme ancestral, assimilée et déposée comme résultat de ségrégation chimique; l'autre, qui est souvent une grosse masse consistant en granules épais, a été absorbée par le protoplasma de l'œuf pendant son séjour dans l'oviducte maternel. De telles matières nutritives épaisses et massives sont préparées pour le jeune ovule par les cellules voisines de l'organisme maternel, et peuvent être très bien comparées, après qu'elles ont été prises par l'œuf, aux masses organiques avec lesquelles un Protozoaire [1] nu se gorge lui-même pour se nourrir.

La quantité et la disposition de la matière nutritive de l'œuf varient beaucoup dans les différents organismes. Sa variation est la cause directe des différences qui se présentent dans l'arrangement et dans la grandeur des cellules entre lesquelles se divise la cellule œuf, et devient ainsi l'origine évidente des différences qui existent entre les phases du développement ancestral (phylogénétique) dont nous avons parlé et du développement actuel (ontogénétique).

Le monoplaste ancestral doit avoir été privé de toute grande quantité de matière granuleuse, soit primordiale, soit produite par différenciation; mais nous pouvons établir que son mode de nutrition a été semblable à celui des Amœbes et que, sous l'influence de forces intrinsèques, sa substance s'est ensuite différenciée en un ectoplasme et un endoplasme.

1. Voir mes observations sur l'œuf ovarique de Loligo dans *Phil. Trans.*, 1875.

2° *Le polyplaste. Phase de la Morula* (Hæckel). — Dans le cours du développement historique des animaux, le monoplaste se transforma par division en colonies sphériques, formées de beaucoup de cellules adhérentes. Celles-ci, nous l'établissons ici, continuèrent à se nourrir elles-mêmes par l'absorption de particules solides à l'aide de leur surface libre. Le processus de développement qui paraît avoir eu lieu exige que nous distinguions deux conditions du Polyplaste : *a.* le premier (fig. 2), dans lequel les cellules constitutionnelles étaient étroitement adhérentes, de façon à former une sphère solide, distinguée par Hæckel sous le nom de *Morula;* *b* le dernier (fig. 3), où l'accumulation de liquide au centre de la sphère constituée par les cellules résultait graduellement de la formation d'une cavité considérable (le *blastocœle* d'Huxley), de sorte que le polyplaste acquérait alors la forme d'une vésicule, sa paroi étant formée par une seule couche de cellules de formes identiques et sa cavité étant remplie par un liquide qui avait traversé la substance de ces cellules. Ce polyplaste creux a été désigné par Hæckel sous le nom de *Blastula.* Nous devons affirmer que les aliments étaient encore introduits par la surface nue de toutes les cellules constituantes. En même temps, rien ne peut être plus probable que cette supposition, à savoir que les parties intérieures et extérieures de chaque cellule acquirent une structure et des propriétés diverses, telles que celles qu'on peut voir aujourd'hui acquises par les cellules formant la paroi de la blastula du *Geryonia* (fig. 5, 6). Le liquide de la cavité de la blastula était probablement d'une nature spéciale; en même temps que les produits sécrétés des cellules, des particules de nourriture non digérées passaient sans nul doute, à travers la substance des cellules, dans le blastocœle, et là étaient dissoutes, de manière qu'un commencement de fonction digestive se trouvât acquis par le blastocœle.

3° *La planula diploblastique*, *Diblastula* (Salensky). — Ayant constaté une différenciation entre les parties extérieures et intérieures des cellules qui sont disposées en une seule couche pour former la paroi de la blastula, nous pouvons en conclure que chaque cellule dut se partager en deux : une cellule intérieure et une cellule extérieure. Il est possible que toutes les cellules formant la paroi de la blastula n'aient pas pris part à ce phénomène. Le résultat a été la formation, par délamination, d'un endoderme ou couche de cellules *entériques*. La cavité limitée actuellement par une couche spéciale de cellules est proprement et convenablement appelée l'*entéron* ou *archentéron* (Urdarm); la couche de cellules qui limite cette cavité est, en conséquence, le feuillet *entérique;* d'un autre côté, la rangée extérieure de cellules habituellement connue, d'après la terminologie introduite par le professeur Allman à propos des Polypes hydroïdes, sous le nom d'ectoderme, peut aussi être convenablement appelée feuillet *déron ou dérique.* La *planula* ou *diblastula* délaminée (terme que j'emprunte au professeur Salensky) continua à se nourrir elle-même en absorbant de la nourriture solide par le protoplasma nu de ses cellules ectodermiques. Nous devons cependant supposer que, à mesure que la différenciation des couches de cellules *dériques* et *entériques* avançait, l'introduction de la nourriture se limitait à un point de la surface *dérique,* et qu'au niveau de ce point des particules solides de nourriture passaient, à travers le protoplasma mou, dans l'*entéron* pour y être digérées. Le développement des cils sur la surface de locomotion expliquerait cette localisation. Une rupture du sac sur ce point et l'établissement d'une voie ouverte entre l'extérieur et la cavité digestive qui, déjà, sécrète et absorbe activement, constitueraient la bouche.

Quelle que soit notre opinion, quant au mode originaire de formation de la cavité digestive ou *entéron,* la difficulté consiste à concevoir quels sont les degrés par lesquels les deux modes de digestion bien différents que nous rencontrons

dans les séries animales peuvent passer de l'un
à l'autre. La physiologie de la nutrition dans un
Protozoaire, tel qu'un Amœbe ou un Infusoire,
d'un côté, et de l'autre dans les Entérozoaires (animaux pourvus d'un *entéron* ou intestin), même les
plus simples, diffère de la façon la plus importante
et dans une étendue qui n'est qu'insuffisamment
reconnue. Tandis que chez les Protozoaires, la
partie brute, non préparée, des aliments solides,
pénètre dans le protoplasma vivant de la cellule
et dans une cavité provisoire en partie remplie
d'eau, pour y être digérée par le protoplasma,
aucune inception semblable de particules solides
par les cellules de l'*entéron* n'a lieu, excepté peut-
être chez les Éponges.

Dans les Entérozoaires, bien que, comme chez
tous les animaux non parasites, la nourriture soit
prise à l'état solide, elle n'est pas cependant introduite en cet état dans le protoplasma cellulaire.
Les aliments sont dissouts dans l'*entéron* par
l'action de sécrétions qui y sont accumulées et ils
passent par diffusion dans le protoplasma des cellules *entériques*. La fonction réelle de la cavité
entérique — le motif physiologique de sa différenciation — paraît être celle d'un laboratoire.

L'hypothèse d'après laquelle elle aurait été
d'abord constituée par une cavité fermée, dans
laquelle des particules de nourriture solide ayant

passé à travers le protoplasma des cellules s'ac-
cumuleraient comme dans un réservoir commun
à la colonie cellulaire, est en harmonie avec la
cause physiologique établie. D'un autre côté, il
ne semble pas possible de concilier la fonction
physiologique de l'entéron avec l'hypothèse qu'il
a pris naissance par une dépression de plus en
plus profonde de la surface d'une blastula sphérique, c'est-à-dire par invagination. Le point de
la surface qui se déprime devrait être, suivant
l'hypothèse de l'invagination, la surface nutritive
unique. Ses cellules devraient absorber activement
les particules solides de nourriture par leur surface, comme cela arrive dans un grand nombre
d'Amœbes. Comment établir sur cette base la pro-
fondeur de la dépression ? Pouvons-nous supposer
que les cellules amœboïdes de cette surface en
vinrent à interrompre leur coutume de saisir et
d'ingérer des particules solides, contribuèrent à
verser les sucs digestifs et prirent part aux fonctions passives d'absorption? A quelles influences
pouvons-nous attribuer la formation d'une dépression suffisamment profonde et à bord suffisamment
étroit pour qu'elle puisse retenir un fluide digestif?
La réponse à ces questions me paraît soulever une
plus grande difficulté que nous n'en rencontrons
en émettant l'hypothèse de l'origine du feuillet
entérique par délamination. Ce premier avantage

de la dernière hypothèse est, nous le verrons, renforcé et fortifié par les derniers faits et arguments avec lesquels nous nous trouvons en présence.

4° Formation du stomodœum et du Proctodœum. — La formation de la bouche de la *Diblastula*, sous la forme d'une ouverture définie, ne paraît avoir pris ni un caractère « éruptif » ni un caractère « disruptif, » mais avoir été plutôt « *inruptif*, » c'est-à-dire que la constitution de la bouche comme organe

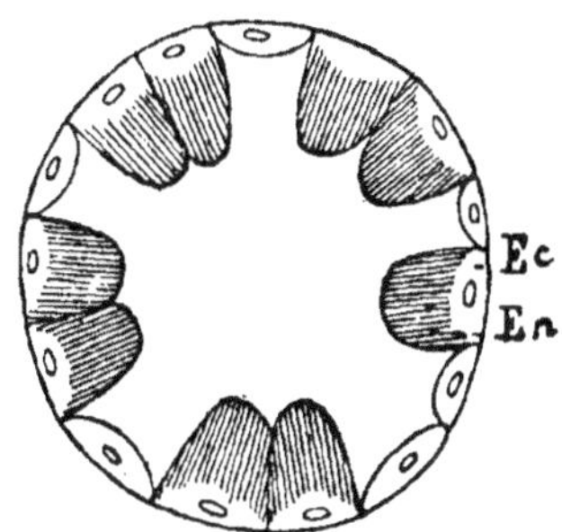

Fig. 5. — Délamination de la Blastula d'une Méduse (d'après Fol).
Ec, ectoderme ; *En*, endoderme.

permanent était accompagnée d'un accroissement des cellules ectodermiques, très léger d'abord sans aucun doute, mais atteignant ensuite une grande proportion et beaucoup d'importance comme première portion de la surface alimentaire. C'est cette croissance qui donne naissance à ce qu'on appelle souvent « pharynx » dans les Mollusques, les Arthropodes et les Vermes.

J'ai proposé [1] de désigner cette formation du déron sous le nom de *stomodœum* στομοδαιον,

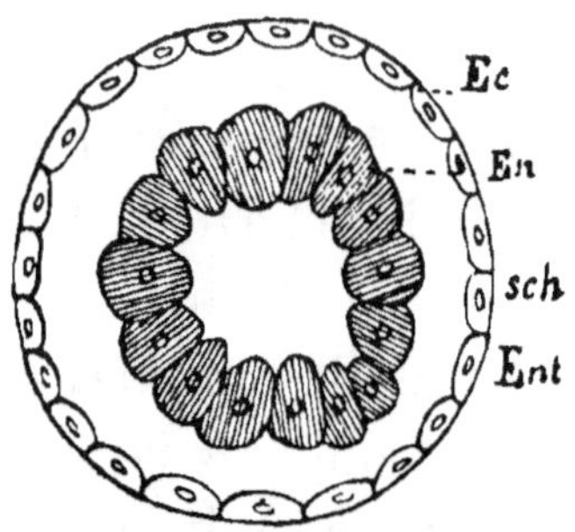

Fig. 6. — Délamination plus avancée d'une Méduse (d'après Fol). *Ec*, ectoderme ; *En*, endoderme : *Sch*, cavité de segmentation ; *Ent*, entéron.

comme πυλοδαιον, la route qui conduit à une porte cochère) et de même je me suis proposé de désigner une autre production qui accompagne la formation du second orifice (l'anus) de l'*entéron*, par l'expression *proctodœum*. La bouche et le stomodæum paraissent avoir existé quelque temps avant que l'orifice anal fût développé et la bouche doit avoir fonctionné, comme elle le fait dans les Zoophytes actuels, en même temps pour l'entrée de la nourriture dans l'*entéron* et pour le rejet des résidus non digérés.

Le développement d'un anus et d'un proctodæum peut être considéré comme dû à l'établissement graduel d'une destruction d'abord purement mécanique, devenant ensuite permanente et héréditaire.

1. *Quart. journ. micr. sc.*, avril 1876.

Dans l'ontogénie récapitulative d'un grand nombre d'organismes vivants de notre époque, cette formation se fait par rupture.

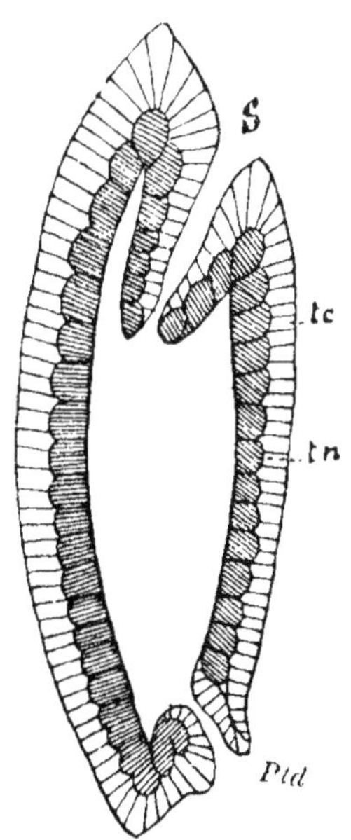

Fig. 7. — *tc*, déron ; *tn*, entéron ; *S*, stomodæum ; *Ptd*, proctodæum.

Laissant de côté pour le moment notre tâche de détailler plus longuement les changements hypothétiques que subirent les ancêtres des Entérozoaires (changements auxquels nous reviendrons) demandons-nous, après nous être expliqué à nous-mêmes les phases à travers lesquelles une cavité creuse pluricellulaire, issue d'une cellule unique, a donné naissance à une couche de cellules entériques par délamination et a acquis une bouche avec stomodæum et un anus avec proc-

todaeum — tandis que des changements variés
dans la forme générale avaient lieu et que plusieurs organes tentaculaires et analogues étaient
probablement développés, — demandons-nous,
dis-je, comment les faits observés dans les premières périodes du développement individuel des
animaux peuvent être expliqués, en appliquant
à ces faits et à notre esquisse hypothétique la
doctrine d'hérédité, à savoir que le développement
de l'individu est une récapitulation du développement de l'espèce, interrompu et modifié par le
processus d'adaptation.

*Hypothèse de la substitution de l'invagination à la
délamination.* — Suivant l'hypothèse esquissée
ci-dessus du développement ancestral du monoplaste en diblastula, l'entéron primitif ou cavité
digestive est le blastocœle et la couche de cellules entériques se forme par la délamination de
sa paroi.

Nous trouvons dans le développement actuel
des animaux que le processus d'invagination avec
une modification quelconque est presque uni-
versel. Le professeur Haeckel et le professeur
Huxley inclinent à penser même qu'il est uni-
versel. Cependant, les observations déjà citées, relatives aux Géryonidés et quelques observations
de Kowalewsky sur l'Alcyon *Alcyonium)* et sur
le groupe des Actinies indiquent le développe-

ment d'une couche de cellules entériques par délamination. Dans le développement de l'*entéron* par invagination, un certain nombre de cellules se dépriment habituellement, pour former à la surface de la blastula, une sorte de coupe; cette coupe se creuse de plus en plus profondément dans le blastocœle (si cette cavité existe) jusqu'à ce que la blastula sphérique (fig. 11) soit devenue hémisphérique et soit constituée par deux couches de cellules pressées l'une contre l'autre (fig. 15). Le bord de la coupe se contracte alors et fréquemment se clôt; j'ai appelé *blastopore* l'orifice plus ou moins large formé ainsi. Le cas que nous venons de décrire est celui d'un organisme dans lequel l'œuf ne contient qu'une quantité relativement petite de substances nutritives et où conséquemment les cellules de la *morula* et de la *blastula* sont presque de la même grandeur. Hæckel a donné à ce type l'épithète d'*archiblastique*.

Quand il y a davantage de matière nutritive dans l'œuf, deux cas peuvent se présenter : ou bien les matériaux nutritifs s'accumulent au centre de la masse cellulaire, à mesure que les cellules se divisent, de façon à produire la délamination [1],

---

1. La formation de l'entéron dans les embryons périblastiques, tels que ceux des Arthropodes et des Anthozoaires (Alcyonium), demande une étude plus approfondie.

et parfois s'entassent dans la cavité centrale d'une vésicule (blastula) formée par une couche unique de cellules (type périblastique, Haeckel); ou bien, la matière nutritive reste associée à l'œuf, à partir des phases les plus reculées de son développement, s'accumulant dans l'une des hémisphères de l'œuf, notamment dans celle qui est destinée à former la couche des cellules entériques, pendant que la partie de l'œuf (souvent extrêmement

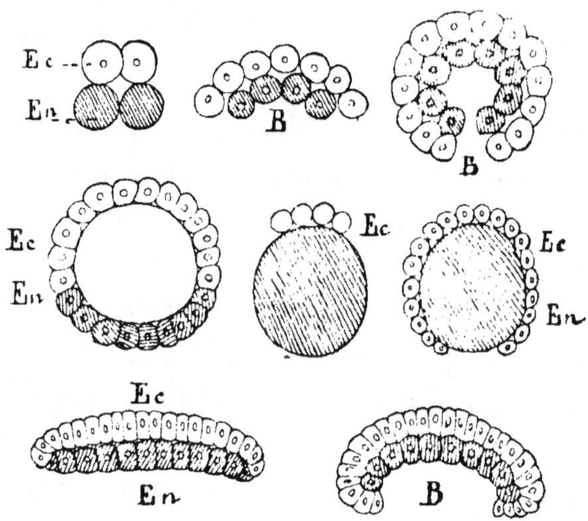

Fig. 8, 9, 10. — Phases successives de la segmentation de l'œuf et de l'invagination, sans formation d'une pseudoblastula. 11, Pseudoblastula, 12, 13, invagination épibolique. — Fig. 14, 15, invagination du Ver de terre et des Nématodes. *Ec*, Déron; *En*, Entéron; *B*, Blastopore.

petite), qui est destinée à former le déron ou ectoderme est dépourvue (ou le devient par ségrégation) de toute substance nutritive semblable.

La conséquence de cet arrangement est que la

moitié *entérique* de la cellule œuf est différenciée, dès les premières phases de la segmentation, de la moitié dérique (fig. 12) et n'est pas seulement plus grosse, mais se divise en de nouvelles cellules plus lentement que la dernière, de sorte qu'elle est enveloppée par les cellules dériques plutôt qu'elle n'y est invaginée (fig. 13). Deux degrés de ce mode *épibolique* d'invagination (ainsi appelé par Selenka pour le distinguer du mode *embolique*) sont désignés par Hæckel sous les noms d'*amphiblastique* et *discoblastique*.

Il est assez clair que les modifications spéciales du processus d'invagination dues à la présence dans l'œuf d'une grande quantité de substance nutritive peuvent être mises de côté, si l'on en vient à considérer comment le processus de délamination se trouve remplacé par celui d'invagination, puisque la présence d'un tel excès de matière nutritive est une condition secondaire. Cependant les faits se rattachant à l'action de la substance nutritive (quand celle-ci existe) suggèrent l'explication de la connexion entre la délamination et l'invagination. Toute différenciation de cellules, c'est-à-dire le développement d'une espèce de cellules issue d'une autre espèce est dépendante des mouvements internes des molécules physiologiques du protoplasma de ces cellules. Quand la délamination se produit dans les

cellules de la blastula du *Geryonia* ou dans
la blastula mère, les molécules destinées à cons-
truire les cellules *entériques* et *dériques*, entre
lesquelles se divise chacune des cellules primitives, sont déjà présentes avant qu'elles deviennent visibles par suite de leur séparation et accumulation sur les faces opposées de chaque cellule.
Bien que la substance d'une cellule puisse paraître
homogène sous le plus puissant microscope, sauf
en ce qui concerne la fine substance granuleuse
qui y est suspendue, il est tout à fait probable et
même certain qu'elle peut contenir (*déjà formées
et individualisées*) différentes sortes de molécules
physiologiques. Les phénomènes perceptibles de
la segmentation ne sont que les conséquences
d'une différenciation déjà établie et non visible.
Les descendants de la diblastula *Planula diploplastique* qui avaient acquis graduellement un
feuillet dérique et un feuillet entérique distincts,
au lieu d'un seul feuillet à cellules ayant chacune
une moitié dérique externe et une moitié interne
entérique, doivent avoir tendu, dans le cours de
leur développement individuel, à partir de l'œuf
des diblastulas mères, à produire, de plus en plus
tôt, l'importante séparation de leurs cellules en
cellules dériques et cellules endériques, c'est-à-
dire en éléments ectodermiques et en éléments
endodermiques. A mesure que la différenciation

des deux sortes de molécules devient plus dépendante de l'hérédité et moins dépendante des
causes d'adaptation qui ont de prime abord produit la différenciation, la séparation des molécules
dériques et entériques se produit à une période
plus primitive du développement embryonnaire,
par exemple pendant l'état de blastula, période
pendant laquelle les causes directes d'adaptation
peuvent agir avec le plus d'énergie et de succès.

Ainsi, l'œuf fécondé possédant déjà, par hérédité, des molécules dériques et des molécules
entériques. invisibles il est vrai, mais cependant
différenciées, il est possible que ces deux sortes
de molécules se séparent, non pas seulement
après que l'œuf s'est divisé en de nombreuses
cellules pour former la *morula*, mais dès les premières phases de la multiplication.

En fait, une partie des molécules dériques ou
toutes ces molécules pourraient rester dans l'une
des deux premières cellules de segmentation de
l'œuf, tandis que toutes les molécules entériques
(avec ou sans quelques molécules dériques) res-
teraient dans l'autre cellule de segmentation. Nous
ne pourrions pas, il est vrai, reconnaître ces molécules à l'œil nu, les deux cellules de segmentation présenteraient une apparence identique, mais
cependant la séparation des facteurs dérique et
entérique aurait déjà eu lieu.

Cette hypothèse peut être appelée hypothèse de la *ségrégation précoce* : précoce parce qu'elle résulte d'un mode de formation de l'organisme acquis par l'hérédité et se manifestant à une période du développement plus précoce que celle où le même phénomène se produisait chez les ancêtres sous l'influence de l'adaptation. La tendance à la précocité a été établie par Haeckel dans ce qu'il appelle « hétérochronie dans les phénomènes palingénétiques d'ontogénie »; l'existence d'une telle précocité est aussi bien établie qu'aucune partie de l'édifice spéculatif que nous élevons, sur des bases *à priori* et *à posteriori*.

Ainsi parvenus à considérer la ségrégation des éléments *dériques* et *entériques* dans les deux premières cellules de l'organisme, comme une suite naturelle du processus primitif de la ségrégation de ces éléments par délamination des parois d'une *blastula* à cellules nombreuses, nous pouvons poursuivre notre étude et analyser plus profondément le cas dont il s'agit.

On peut nous demander comment nous sommes amenés à supposer que la cellule dérique et la cellule entérique, ainsi différenciées de bonne heure, ont acquis la faculté de se diviser de telle façon que les cellules filles de la cellule entérique forment une vésicule destinée à s'enfoncer dans une autre vésicule, formée par les cellules déri-

ques, et qu'ainsi le résultat obtenu soit une planula diploplastique ou diblastula identique à celle
qui se forme par délamination.

Il pourrait arriver que le résultat de la division
des deux cellules primitives fût seulement la formation d'un sac vésiculeux à une seule couche de
cellules ayant les mêmes caractères morpholo-
giques que la blastula qui précède la *diblastula*
délaminée; nous n'aurions alors aucune explication à fournir de l'invagination d'un des hémisphères de la blastula dans l'autre hémisphère.
Mais nous devons noter d'abord que la blastula
(le sac à une seule couche de cellules) formée par
invagination n'est jamais tout à fait homologue
à la blastula formée par délamination; de plus,
suivant notre hypothèse (et on peut réellement
l'observer dans tous les cas de développement
par invagination), les cellules de la blastula qui
subit l'invagination ne sont pas équivalentes l'une
à l'autre, comme elles le sont dans la blastula qui
subit la délamination. Dans le cas d'invagination,
les cellules filles de la première cellule entérique
se distinguent, dès le début [1], des filles de la cellule dérique, bien qu'à l'œil nu il n'y ait pas de
différence de structure visible (fig. 8). En conséquence, la blastula qui subit l'invagination pos-

---

1. Au moyen des corpuscules directeurs.

sède un hémisphère ou tout au moins une partie de sa surface composée de cellules entériques tandis que l'autre hémisphère est formé de cellules dériques (fig. 11). Nous devons maintenant nous souvenir que quelque difficulté qu'il puisse y avoir à imaginer les conditions mécaniques à l'aide desquelles les cellules dérivées par division d'une cellule embryonnaire prennent certaines situations définies, afin de former des organes semblables à ceux des organismes souches, manifestant ce que nous nommons l'hérédité, il n'est pas plus difficile de concevoir les conditions mécaniques de ce self-arrangement, de cette coordination, quand il y a une certaine rupture de la routine héréditaire, que quand cette routine suit sa marche normale, sans présenter aucune interruption. En vertu d'une organisation moléculaire héréditairement transmise, les cellules produites par la division d'un œuf à développement déladiné se disposent d'elles-mêmes en un sac, la blastula. De même, en vertu d'une organisation moléculaire héréditairement transmise, les cellules dériques et entériques, qui se sont différenciées dès le premier clivage d'un œuf à développement invaginé, se disposent d'elles-mêmes en deux vésicules emboîtées l'une dans l'autre. Ces deux groupes de cellules reproduisent, dès le début, les caractères de l'endoderme et de l'ectoderme de la diblastula souche, en ce qui concerne par exemple le plan suivant lequel s'effectuent la division, les rapports des cellules de chaque couche les unes avec les autres, et les rapports des cellules de l'une des couches avec celles de l'autre couche.

En conséquence, le phénomène que nous devrons constater en premier lieu c'est l'apparition immédiate des cellules endodermiques et ectodermiques, comme cela a lieu souvent dans les Mammifères, les Nématodes et les Vers de terre, sans qu'il se forme de blastula vésiculeuse (fig. 9, 14).

La formation d'une blastula vésiculeuse dans le cours d'un développement invaginé est un processus secondaire. — Cette blastula (fig. 11) ne représente pas la blastula souche (fig. 3) qui apparaît dans le cours du développement délaminé ; elle est due à une accumulation mécanique, non héréditaire, de liquide, entre les cellules primordiales de l'embryon, et fausse le développement récapitulatif. La blastula du développement invaginé peut être appelée une « pseudoblastula » pour la distinguer de la blastula souche. L'archiblastula d'Hæckel est une pseudoblastula ; sa cavité ne correspond pas à la cavité de la blastula délaminée qui devient immédiatement l'archentéron. Nous distinguons le blastocœle archentérique du pseudoblastocœle.

La cavité qui est formée en dedans des cellules

filles de la cellule entérique primitive, ou qui est limitée par ces cellules, est naturellement l'homologue du blastocœle de l'œuf délaminé. C'est cet espace qui devient l'archentéron. A mesure que la multiplication des cellules dériques et entériques augmente, la cavité limitée par les cellules entériques devient plus distincte. Le pourtour de la double et incomplète vésicule tend à s'infléchir en dedans (fig. 9) et à compléter la vésicule en l'enclosant (fig. 10). Il est nécessaire d'admettre que dans les premières phases historiques de l'invagination la vésicule se fermait complètement. Dans la première phase du développement par invagination, le blastopore s'oblitérait par suite de la multiplication des cellules. La persistance du blastopore et l'établissement d'une relation entre lui et la bouche, au moyen d'un stomodæum, ou, parfois. entre lui et l'anus, au moyen d'un proctodæum, résultèrent d'adaptations ultérieures.

5° *Coïncidence du blastopore avec la bouche et avec l'anus*. — En examinant l'histoire actuelle du développement des Enterozoaires, qui est connue aujourd'hui par des observations minutieuses, nous trouvons que, dans la grande majorité des cas, la formation de la diblastula se fait par invagination, l'entéron invaginé ne consistant souvent qu'en quelques grandes cellules ou même d'abord

seulement en une seule grande cellule. Le blastopore se ferme dans beaucoup de cas, par exemple
dans les Mollusques *Pisidium* et *Unio*, dans beaucoup de Gastéropodes et de *Vermes*, dans les
Céphalopodes et dans les Vertébrés. Subséquemment, comme nous l'avons dit plus haut de la
forme ancestrale hypothétique, une bouche et un
anus se forment dans la diblastula complètement
close, au moyen d'un stomodæum et d'un proctodæum, ou d'une invagination stomodæale et
d'une invagination proctodæale.

D'un autre côté, il y a des cas nombreux dans
lesquels le blastopore ne se ferme pas, mais paraît
persister, comme bouche dans une série de cas,
comme anus dans une autre série. Considérant,
ainsi que je le fais, le blastopore comme un orifice
de nature secondaire, n'existant que comme conséquence de l'invagination et ne s'étant montré
qu'après que la bouche et l'anus eurent fait leur
apparition dans le progrès de l'évolution animale,
je cherche à expliquer son rapport accidentel avec
la bouche et avec l'anus par des phénomènes
d'adaptation. Un cas parallèle de l'adaptation
d'un orifice d'invagination aux desseins fonction-
nels peut me servir comme argument. La vésicule optique primitive, comme la masse nerveuse
ganglionnaire, se développa, à l'origine, par délamination, dans les animaux supérieurs; mais, dans

beaucoup de cas, elle effectue actuellement son développement par invagination. Dans les Céphalopodes, la vésicule présente au début un large bord ou marge qui se clôt graduellement en ménageant provisoirement un petit orifice comparable au blastopore d'une diblastula invaginée. Cet orifice s'oblitère dans les Céphalopodes dibranchiaux ; mais, dans le Nautile, il est maintenu par adaptation et devient, grâce à son extrême étroitesse, la principale condition optique de tout l'appareil ophthalmique. Il tient lieu de lentille ou de corps réfringent et sert à produire les images sur la surface de la rétine. Nous avons ici un résultat accidentel secondaire du phénomène d'invagination, l'orifice produit par l'invagination s'élevant tout à coup à l'importance d'un suppléant des milieux réfringents qui étaient différenciés dans les tissus de l'œil, avant que l'invagination ait supplanté la délamination dans le développement de cet organe. De même que l'orifice d'invagination de l'œil du Céphalopode est utilisé dans certains Céphalopodes, mais non dans tous, de même le blastopore est utilisé dans certaines diblastulas invaginées, mais non dans toutes, et, quand il est utilisé, il ne l'est pas dans toutes de la même manière. Dans certains Gastéropodes prosobranches les plus soigneusement étudiés par Bobretzky, le stomodæum, ou invagination dérique (ectodermique) de la bouche, se produit dans le point précis où le blastopore s'est fermé, ou même avant qu'il soit fermé, de sorte que l'invagination buccale s'effectue autour du blastopore ; ainsi le blastopore ne se clôt pas, bien qu'il soit inexact de dire qu'il devient la bouche. Le même phénomène se produit très probablement, d'après les observations de Kowalewsky, dans le Ver de terre et dans quelques Zoophytes, et, d'après Bütschli, chez quelques Vers Nématoïdes. Ces derniers cas nous ont conduits à supposer que le blastopore est la bouche primitive des Entérozoaires, et ces formes particulières sont celles qu'on a appelées *archæostomatées*. Mais on observera que dans ces cas le mode normal de formation de la bouche n'est pas distinct ; un stomodæum, une croissance de cellules ectodermiques, ont lieu ici, comme dans le type souche délaminé, que nous avons esquissé ci-dessus.

La bouche et le stomodæum se servent simplement, pour ainsi dire, du blastopore qui est sur le point de se clore, et c'est ainsi que se produit la coïncidence.

Dans d'autres cas, chez les Echinodermes, les *Paludina* parmi les Gastéropodes Prosobranches, et probablement chez beaucoup d'autres animaux, c'est l'anus, avec sa formation proctodæale, qui s'adapte au blastopore. Dans les Pulmonates appartenant au genre *Lymneus*, la bouche et l'anus se développent l'un et l'autre sur le côté du blastopore allongé. En considérant tous ces cas comme des adaptations spéciales et récentes du blastopore, et en le considérant lui-même comme une formation secondaire, comprise dans le mécanisme de division de l'œuf, et non développée en vue d'une fonction spéciale, nous pouvons expliquer dans une certaine mesure le fait très étonnant que ce qui devient la bouche d'une Paludine paraît devenir l'anus d'une Lymnée. Une très légère variation mécanique des conditions de développement peut être considérée comme suffisante pour causer un petit changement dans la position de l'orifice d'invagination, de façon à produire soit un stomodæum, soit un proctodæum.

Comparaison de l'hypothèse d'une délamination primaire avec l'hypothèse d'une invagination primaire. — Nous devons établir brièvement les difficultés qui s'élèvent eu égard aux périodes primitives de développement et indiquer jusqu'à quel point ces difficultés sont évitées par la théorie de la Planula.

Si nous établissons avec Hæckel que le processus d'invagination représente le mode historique de la formation de l'entéron et que le blastopore est la bouche primitive, nous rencontrons des difficultés : 1° quant à la transition de la nutrition inceptive des cellules amæboïdes à la nutrition absorptive des cellules doublant une cavité digestive plus ou moins complètement close; 2° quant à la substitution de la délamination, par un processus de retardement, dans quelques cas rares, à l'invagination supposée plus archaïque; 3° quant à la disparition, dans quelques cas, de la bouche primitive supposée, et à la formation d'une nouvelle bouche secondaire, tandis que dans les formes proches parentes la bouche primitive supposée persiste comme bouche ou cesse d'être une bouche pour devenir un anus, pendant qu'une nouvelle bouche se développe, le résultat étant que la bouche d'un Gastéropode (pour prendre un exemple) doit être considérée comme l'homologue de l'anus d'un autre.

D'un autre côté, l'hypothèse d'après laquelle la délamination aurait précédé l'invagination fournit une explication intelligible du développement de l'entéron par la formation d'une cavité au niveau du point de rencontre central d'une colonie de cellules amæboïdes, et la différenciation de chaque cellule en une portion extérieure et une portion intérieure pour produire deux couches cellulaires distinctes. L'hypothèse de la ségrégation précoce explique le remplacement du procédé originaire de délamination par l'invagination et rend compte de la formation du blastopore. La formation du blastopore étant ainsi expliquée, nous n'avons aucune supposition à émettre relativement à la bouche primaire ou secondaire, et nous évitons l'objection qui peut être fatalement faite à la théorie de Haeckel, puisqu'en raisonnant d'après cette hypothèse nous arrivons à la conclusion que la bouche d'une Paludine est l'homologue de l'anus d'une Lymnée.

II

FORMATION DU MÉSODERME ET DE LA CAVITÉ VISCÉRALE (COELOME)

Jusqu'ici, j'ai discuté l'origine des deux feuillets de cellules primitives et celle de l'organe primitif dominant de l'économie animale, l'entéron. Je n'ai pas parlé encore des changements qui se produisent dans les formes extérieures, ni des prolongements cellulaires connus sous le nom de *cils*, ou des appendices pluricellulaires (tentacules) qui servent comme organes de locomotion et de préhension; j'y ferai allusion en temps voulu. Avant tout, je veux parler des importants changements qui surviennent dans les feuillets cellulaires primitifs, chez presque tous les Entérozoaires, et qui déterminent éventuellement la production d'une couche spéciale de cellules entre le *déron* et l'*entéron* et la formation d'une cavité située entre ces feuillets, cavité désignée par Haeckel sous le nom de *cœlome*.

Je continuerai à suivre la méthode que j'ai adoptée ; j'exposerai les résultats des observations ; je raisonnerai avant tout en me plaçant au point de vue de la marche hypothétique des différenciations dans la série ancestrale, en prenant pour point de départ l'histoire d'une diblastula qui vient d'acquérir une bouche et un stomadœum, et qui doit, plus tard, acquérir un anus et un proctodœum.

1° *Différenciation d'une couche de fibres produites par la face profonde du déron.* — Les cellules ectodermiques qui remplissent, comme Kleinenberg l'a montré, la fonction d'organes protecteurs, d'organes tactiles et contractiles, produisent chacune, par différenciation, un appendice fibreux, ainsi que nous le constatons actuellement dans l'Hydre.

2° *Délamination et isolement de ces fibres en cellules fusiformes, contractiles et squelettales.* — De même que, dans une période antérieure, la portion digestive de chaque cellule primitive s'est séparée, par délamination, de la portion tégumentaire, pour donner naissance à l'endoderme et à l'ectoderme, de même les appendices fibreux contractiles de

l'ectoderme dont nous venons de parler acquièrent chacun les caractères d'une cellule distincte
et se séparent, par délamination, des cellules
ectodermiques. Il se forme ainsi une couche hypo-
dérique, musculo-squelettale, distincte, représentant, en réalité, un mésoderme primitif ou mésoblaste.

À cette période cependant, les cellules ne présentent pas encore l'indépendance qui est le signe
distinctif du mésoblaste. Les cellules musculo-
squelettales des Zoophytes sont formées par les
couches profondes de l'ectoderme et ne se forment pas comme un mésoblaste distinct, à une
période primitive du développement. Elles ne
sont pas, en réalité, encore esquissées, et leurs
progéniteurs ne se montrent pas comme une
couche distincte, dans cette phase du développement où les cellules de l'embryon ne sont pas
encore différenciées l'une de l'autre en apparence
et où l'*entéron* commence à se former par invagination. C'est là cependant le moment auquel
les cellules musculo-squelettales apparaissent dans
des formes supérieures aux Zoophytes. De là le
nom de triploblastiques appliqué à ces dernières
formes.

*3° Ségrégation précoce du mésoderme et origine
entérique du cœlome.* — Cette indépendance primitive des cellules moyennes de l'organisme peut

être attribuée à deux causes distinctes, que nous devons étudier avec la plus grande attention. La première de ces causes est le développement du *diverticulum*, ou « cavité gastro-vasculaire » de l'archentéron, qui, éventuellement, se sépare de l'entéron et forme une cavité close distincte, le *cœlome*. La seconde cause est la différenciation héréditairement accélérée des molécules musculo-squelettales. De même que nous avions des raisons de croire que les changements apportés au procédé ancestral de formation du feuillet entérique étaient dus à une ségrégation précoce, de même aussi nous invoquons ce phénomène pour expliquer les modifications plus importantes, et en apparence anomales, apportées dans le procédé primitif de développement du feuillet cellulaire musculo-squelettal.

1° *Origine entérique du cœlome.* — La forme souche, pourvue d'une bouche et d'un entéron, d'un ectoderme et d'un endoderme et d'une couche de cellules musculo-squelettales produite par délamination de l'ectoderme, procède à la formation d'un diverticulum de l'entéron. Dans les Zoophytes, nous trouvons de semblables diverticulums se prolongeant dans les tentacules et formant une cavité périaxiale l'axe étant occupé par l'entéron primitif, ou bien donnant naissance aux canaux périaxiaux ou paraxiaux. La forme ancestrale développe plus tard ses diverticulums entériques sous la forme de deux larges culs-de-sac, situés l'un à droite, l'autre à gauche; ces culs-de-sac sont ensuite séparés de l'entéron par un rapprochement des cellules situées à la base des diverticulums. Les deux diverticulums parentériques, ainsi que nous pouvons les nommer, se réunissent ensuite pour former une vaste cavité périentérique (périviscérale, péritonéale), le *cœlome*.

Ce mode d'origine du cœlome est encore manifeste actuellement dans de nombreux et très différents membres des séries animales, par exemple dans les Echinodermes, les Brachiopodes et les *Sagitta*.

Il a suffi qu'une très petite modification fût apportée à ce mode de développement pour que le procédé le plus habituel de formation du cœlome des animaux actuels fît son apparition. L'excroissance de l'entéron ou lobe parentérique, au lieu d'être un diverticulum creux, est solide; il ne se creuse d'une cavité que lorsqu'il a atteint un volume considérable. Sa cavité s'ouvre alors ou se fend pour former le cœlome, qui, à cause du retard apporté à sa production, ne constitue plus une partie de la cavité de l'archentéron primitif. Cette modification du mode traditionnel, ancestral, de formation du cœlome, est manifeste

dans beaucoup de Vers (Kowalewsky, *Oligo-
chæta*), dans les Arthropodes, dans quelques Mollusques, et plus clairement encore dans les Vertébrés. J'ai dit déjà que ces faits nous fournissent
une explication probable de l'existence de deux
sortes de cœlomes, désignés par le professeur
Huxley sous les noms d'*entérocœle* et de *schizocœle*
(*Quart. Journ. of micr. sc.*, avril 1875, p. 166).

Le prof. Hæckel a soutenu et soutient, je crois,
encore, que le cœlome s'est autrefois formé par
une fente se produisant entre la couche des cellules
hypodériques du déron et la couche des cellules
hypentériques de l'entéron, et qu'il n'y avait pas
à tenir compte des excroissances gastro-vasculaires. Dans mon travail sur la Planula invaginée
de la *Paludina*, travail auquel je me suis reporté
plus haut, j'ai expliqué, pour la première fois,
la formation du cœlome, par une dérivation de
l'entéron, facile à suivre jusqu'à l'état de cavité
« gastro-vasculaire ». Cette opinion a été admise
par le professeur Huxley (*The Anatomie of Inver-
tebrated Animals*, p. 686) ; mais il fait des réserves
en faveur de l'existence d'un schizocœle chez les
Rotifères et les Polyzoaires. Je ne vois cependant
pas qu'il y ait nécessité d'admettre qu'en aucun
cas le cœlome se soit produit sous la forme de
schizocœle. Je persiste à penser que le cœlome
se forme toujours par des croissances parenté-

riques, et que, quelles que soient les modifications qu'il ait subies, on peut toujours retracer les traits essentiels de ses relations ancestrales. Ainsi, dans beaucoup de cas, du liquide s'accumule entre l'entéron invaginé et le déron vésiculaire ou ectoderme ; mais ce n'est là qu'un phénomène accidentel, étranger au mécanisme historique du développement, de même que le blastopore et la cavité pleine de liquide ainsi formée ne font que succéder au pseudo-blastocœle. Les cellules entériques produisent par leur multiplication deux petites masses parentériques situées de chaque côté de l'entéron; puis les cellules de ces masses parentériques se séparent les unes des autres, deviennent amœbiformes et vont s'appliquer contre la face interne de la vésicule ectodermique, qu'elles doublent (voyez mes : *Observations on Pisidium*, in *Phil. Trans.*, 1875). Elles enclosent ainsi un large espace et finissent par former la paroi limitante du cœlome. On voit ainsi que, même dans les cas où il ne se montre entre le déron et l'entéron que quelques cellules ramifiées, ces cellules peuvent être considérées comme rappelant par leur nature les traits essentiels du développement du cœlome à l'aide de diverticulums parentériques.

Conformément à l'hypothèse que nous venons d'émettre, nous devons, dans tous les animaux qui ont un cœlome, c'est-à-dire dans tous les animaux supérieurs, considérer comme des formations parentériques, analogues aux masses latérales parentériques produites par les cellules de l'endoderme, toutes les cellules qui forment les épithéliums ou membranes limitantes des cavités ou des canaux sanguins ou lymphatiques et les corpuscules qui flottent dans ces cavités.

Les faits observés dans le développement des animaux supérieurs sont parfaitement conformes à cette interprétation. La seule difficulté consiste en ce que, dans bien des cas, les formations parentériques paraissent donner naissance à bien autre chose qu'au cœlome et à son épithélium. En effet, dans les Vertébrés, tous les tissus musculaires et les tissus squelettiques, au lieu d'être délaminés de l'ectoderme, paraissent être issus, en même temps que les parentères cœlomiques, des masses de cellules qui se sont séparées de l'entéron primitif. Dans les Vertébrés, il est très clair qu'à peine une très petite partie, si même il y en a une partie, des cellules qui donnent naissance aux tissus musculaires et squelettiques, proviennent de l'ectoderme. Le mode primitif de formation par délamination a disparu.

Les excroissances parentériques, se séparant de bonne heure, pendant que toutes les cellules de l'embryon sont neutres en apparence, forment

une épaisse couche intermédiaire, très complexe,
de cellules, le mésoblaste ou mésoderme, et c'est
de cette couche que dérivent les cellules musculaires et squelettales, l'épithélium vasculaire et
cœlomique. Il faut comparer à cet état extrème
de modification, le plus ancien mode de développement des tissus correspondants des Holothuries, tel qu'il a été décrit dans le remarquable et
important mémoire de Selenka (*Zeitsch. f. wiss.
Zool.*, XXVI . Chez les Holothuries, les deux éléments qui paraissent confondus dans les Vertébrés, et qui trop souvent ont été confondus par la
pensée sous le nom unique de mésoblaste, présentent une origine distincte, qui n'est pas, je
crois, l'origine véritablement ancestrale, mais qui
au moins paraît l'être. Pour qu'il y eût une ressemblance complète avec la forme ancestrale des
Zoophytes, il faudrait que les cellules de l'embryon Holothurien qui doivent donner naissance
aux muscles et aux tissus du squelette fussent
produites par toute la surface interne de l'ectoderme ou déron, par délamination ; au lieu de
cela, elles proviennent, soit de la multiplication
d'un petit nombre de cellules séparées à une
période très primitive, soit, plus tard, de la face
interne du pôle d'invagination (fig. 16). Dans
quelques cas, elles sont complétement indépendantes des parentères cœlomiques et ne s'appli-

quent que tardivement à ces excroissances, pour former la musculature des parois des canaux et des cavités auxquels l'archentéron donne naissance (fig. 17).

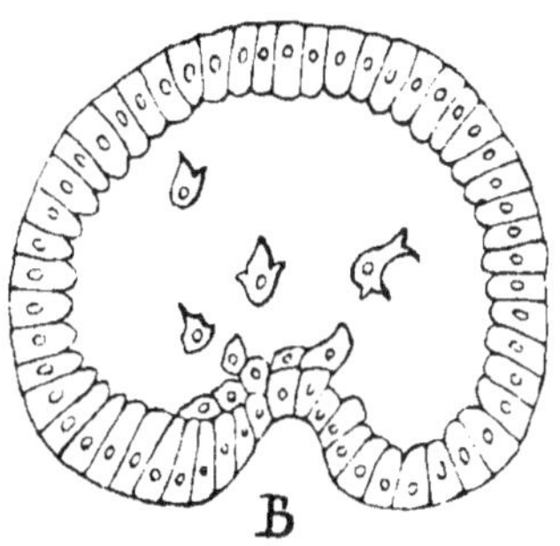

Fig. 16. — Développement d'une Holothurie (d'après Selenka). B, Blastopore.

L'état de choses relatif à l'origine des cellules musculo-squelettales qu'on remarque dans les Holothuries peut être considéré comme dérivé du processus de délamination qu'on trouve dans la formation des tissus analogues des Zoophytes, par l'application de l'hypothèse de la ségrégation précoce.

De même que la délamination de l'endoderme fait place à une invagination due à la ségrégation précoce des éléments, de même, à cette dernière période d'évolution, les cellules ectodermiques cessent de produire par délamination les cellules musculo-squelettales, et, à un certain moment, lorsque l'embryon est composé de seulement douze, huit ou même deux cellules, les molé-

cules possédant par hérédité le pouvoir de donner
naissance aux tissus musculo-squelettaux se séparent des molécules destinées à former simple-

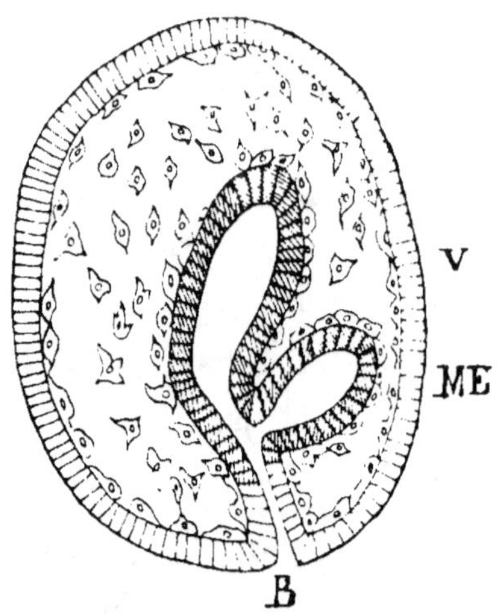

Fig. 17. — Développement d'une Holothurie (d'après Selenka). B, Proctodœum
et Blastopore ; V. vésicule vasopéritonéale ou cœlomique, le Parentère ;
ME, sac digestif ou mésentère.

ment l'ectoderme, qui, ayant maintenant perdu
ses éléments musculo-squelettaux, se distingue
de l'ectoderme primitif, comme épiblaste [1]. Cette
séparation se faisant avant que la pseudoblastula

1. Ainsi que le professeur Allen Thomson l'a récemment indiqué,
l'ectoderme et l'endoderme correspondent à l'épiblaste et à l'hypoblaste, plus la part qu'ont l'ectoderme et l'endoderme dans le mésoblaste (*Brit. Ass., Plymouth, President's Adresse*, 1877). En réalité,
nous arrivons maintenant par la minutieuse investigation de l'ontogénie des Invertébrés à une confirmation frappante des vues de von
Baer. Les cellules primaires de l'embryon se différencient en deux
feuillets, l'ectoderme et l'endoderme, ou le déron et l'entéron. Chacun de ceux-ci se divise aussi en deux : l'ectoderme produit l'épiblaste et le tissu musculo-squelettal ; l'endoderme produit l'hypoblaste
et l'épithélium cœlomique (excroissances parentériques).

soit formée (dans les cas rares où le mode ancestral d'origine des cellules entériques par délamination est conservé, le tissu musculo-quelettal se
forme aussi par délamination), nous remarquons
que la plus grande partie des cellules formant la
paroi de la pseudoblastula sont purement épiblas-
tiques et ne donnent jamais naissance au tissu
musculo-squelettal. Mais, dans une partie de la
pseudoblastula, il existe des cellules contenant
les molécules musculo-squelettales, et d'autres
contenant les molécules endodermiques. Dans les
Holothuries, les deux ordres de molécules, différenciées précocement, forment des cellules distinctes. Nous voyons ainsi, à une période plus ou
moins primitive, les tissus musculo-squelettaux
de ces animaux tirer leur origine des cellules
situées dans le voisinage de la surface d'invagination par laquelle la cavité de l'archentéron s'est
formée.

En admettant que cette hypothèse de la ségrégation précoce des molécules musculo-squelettales
soit exacte, il est clair qu'il doit exister beaucoup
de variations dans l'époque précise et le mode de
production de cette ségrégation. Je pense que
nous pouvons expliquer par ces variations les
divers modes d'origine des tissus musculo-squelettaux qu'ont décrits les observateurs sérieux.
Pour en revenir, par exemple, au cas des Verté-

brés, il paraît que tous ou presque tous les tissus musculo-squelettaux de ces animaux sont produits par des cellules endodermiques, c'est-à-dire tirent leur origine des excroissances parentériques. Notre hypothèse de la ségrégation précoce explique ce fait. Nous devons, en effet, supposer que pendant les premières divisions de l'œuf, les molécules musculo-squelettales ne forment pas de cellules distinctes et isolées, mais accompagnent les cellules endodermiques et ne se séparent de ces dernières qu'après qu'elles ont formé les masses cellulaires parentériques. Ainsi, les masses cellulaires parentériques des Vertébrés, qui représentent les diverticulums gastro-vasculaires de la phase cœlentérée de l'évolution animale, contiennent en même temps les molécules héréditaires musculo-squelettales. Il s'ensuit de là que le mésoblaste des Vertébrés représente, pour la forme, les diverticula cœlomiques, pendant qu'en substance il représente aussi le tissu musculo-squelettal, différencié primitivement par la délamination d'un ectoderme.

Nous pouvons ainsi expliquer deux phénomènes embryologiques très embarrassants, au moyen de la même hypothèse. Ces phénomènes sont : la formation d'un entéron, tantôt par délamination, tantôt par invagination avec un blastopore; et la formation des tissus musculo-squelettaux, tantôt

par délamination de l'ectoderme, tantôt par bour-
geonnement de l'entéron.

Parmi les nombreuses variations qui peuvent
exister dans l'origine du mésoblaste, — tissu
musculo-squelettal et épithélium cœlomique, —
nous devons noter que l'un des facteurs de cette
double entité, à savoir l'épithélium cœlomique,
peut toujours être rattaché à l'entéron ou à la
cellule entérique primitive, tandis que l'autre facteur peut être entièrement ou partiellement con-
fondu, comme nous l'avons expliqué ci-dessus,
avec l'entéron, ou en être entièrement indépen-
dant.

La portion du facteur musculo-squelettal qui
n'est pas appropriée à l'entéron peut encore continuer à se séparer, par délamination, d'une couche
de cellules ectodermiques entièrement formée, ou
peut apparaître, dans les périodes très primitives
du développement, sous la forme de cellules
indépendantes, séparées avant que la division cellulaire de l'embryon soit beaucoup avancée. Dans
Pisidium, Paludina, Limnœus et d'autres Invertébrés, il paraît très probable que, pendant qu'une
grande partie des tissus musculo-squelettiques
tirent leur origine des parentères avec lesquels
leurs cellules se sont différenciées par une ségrégation précoce, d'autres parties de la musculature
et des tissus connexes continuent à tirer leur ori-

gine, par délamination, des cellules ectodermiques déjà parvenues à une phase tardive de leur existence.

Dans tous les grands groupes des séries animales, excepté dans les Cœlentérés et dans les Echinodermes, il existe à cet égard une très grande diversité.

III

CONSIDÉRATIONS RELATIVES AU DÉVELOPPEMENT DE LA FORME EXTÉRIEURE

A. Symétrie radiale et bilatérale et conditions télostomiate et prostomiate. — Il a été reconnu par divers écrivains, notamment par Gegenbaur et Haeckel, que la symétrie radiée doit avoir précédé, dans l'évolution animale, la symétrie bilatérale. On peut concevoir que la Diblastula a été d'abord absolument sphérique, avec une symétrie radiée. L'apparition d'une bouche conduit nécessairement à l'établissement d'un axe structural, passant à travers la bouche et autour duquel le corps est disposé suivant une symétrie radiée. Cette condition s'est plus ou moins parfaitement maintenue dans beaucoup de Cœlentérés ; elle se montre aussi dans certaines formes supérieures dégradées, telles que les Echinodermes, quelques Cirrhipèdes, quelques Tuniciers.

Le degré suivant consiste dans la différenciation d'une face supérieure et d'une face inférieure par rapport à la position horizontale que présente l'animal pendant la locomotion; la bouche est alors placée antérieurement. Avec la différenciation d'une face supérieure et d'une face inférieure, un côté droit et un côté gauche, complémentaires l'un de l'autre, sont nécessairement aussi différenciés. L'organisme devient ainsi bilatéralement symétrique. Les Cœlentérés ne sont pas sans présenter quelques indications de cette symétrie bilatérale ; mais, pour tous les autres groupes d'animaux supérieurs, elle constitue un caractère fondamental. Il est probable que le développement d'une région située en avant et au-dessus de la bouche, région formant le *prostomium*, s'accomplissait en même temps que le développement de la symétrie bilatérale.

Dans les Cœlentérés radialement symétriques, nous trouvons fort souvent une série de lobes de la paroi du corps ou tentacules, produits avec une symétrie radiale, tout autour de la bouche ; celle-ci termine l'axe moyen du corps, et l'organisme est dit *télostomiate*.

La dernière forme fondamentale, commune à tous les animaux supérieurs aux Cœlentérés, est atteinte par un déplacement de l'axe principal du corps, qui devient un axe entérique, tandis que le nouvel axe principal, celui qui est parallèle au plan de progression, passe à travers la région dorsale du corps et est oblique par rapport à l'axe entérique. Un seul des lobes ou excroissances disposés radialement dans les organismes télostomiates persiste maintenant. Ce lobe est situé dorsalement par rapport à la bouche; il est traversé par le nouvel axe principal; ce lobe est le *prostomium*. Tous les organismes qui développent ainsi un nouvel axe principal, oblique par rapport au vieil axe principal, peuvent être nommés *prostomiates*.

J'ai introduit ces considérations relatives aux axes transformés des prostomiates, comparés aux organismes télostomiates, afin de rendre plus clairs les détails suivants, relatifs aux bandes ciliaires et aux tentacules.

B. *Bandes ciliaires et tentacules; identité de ces formations dans les Echinodermes et les Vers avec les tentacules branchiaux des Polyzoaires, des Brachiopodes et des Lamellibranches; hypothèse de l'Architroche.* — Nous devons au professeur Huxley la première perception de l'identité des bandes ciliaires de la larve *Pluteus* avec la roue ciliée des Rotifères. Gegenbaur, dans son *Grundzuge*, montra, en outre, de la façon la plus ingénieuse, comment deux bandes ciliées entourant l'embryon, l'une en avant de la bouche et l'autre derrière

elle, pouvaient être dérivées d'un seul cercle cir-
conscrivant la bouche, et comment, aussi, le cercle
postérieur pouvait être supprimé, de façon à ce
qu'il persistât seulement un cercle *préoral*, que
j'ai proposé d'appeler uniformément le *voile*
(*velum*), toutes les fois qu'on observe sa présence
dans les Mollusques, les Annélides, les Rotifères
ou les Échinodermes.

Nous n'avons pas besoin d'entrer dans de longues considérations, en ces jours de triomphe de
la doctrine « d'uniformité de type dans la structure des animaux », pour découvrir qu'il est
assez probable que *toutes les bandes ciliées des
embryons des Invertébrés et même des organismes
adultes peuvent être considérées comme dérivant d'un
seul organe primitif.* — Par bandes ciliées, j'en-
tends non des traits ciliés secondaires et peu
importants, mais ces sillons ciliés fortement mar-
qués, souvent allongés en tentacules, qui sont un
jour ou l'autre les organes dominants de l'animal
qui les possède, et qui peuvent persister pendant
toute la vie comme instruments principaux de
l'économie. Parmi ces bandes ciliées, figurent les
bandes et les procès des larves d'Échinodermes,
les ceintures ciliées de beaucoup d'embryons d'Annélides, les tentacules des *Phoronis* et les organes
tentaculaires des Actinotroches, la trompe ciliée
des Géphyriens, le voile des embryons des Mol-

lusques, l'appareil analogue des Rotifères, la cou-
ronne tentaculaire des Polyzoaires, les palpes et

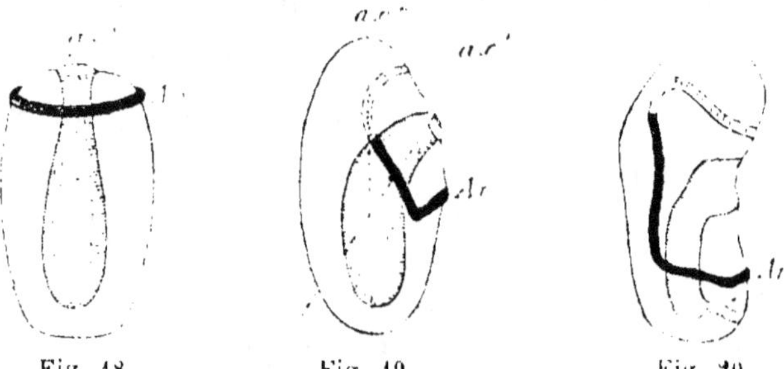

Fig. 18.   Fig. 19.   Fig. 20.

18. Organisme télostomiate hypothétique, avec un axe primitif *ax'*
et un architroche circulaire *Ar*.
19. Organisme prostomiate hypothétique, avec axe secondaire *ax''*
et un architroche modifié *Ar*.
20. Larve architrochique d'Echinoderme (Gegenbaur).

les tentacules labiaux des Lamellibranches et les
bras ou tentacules spiralés des Brachiopodes.

Toutes ces formes peuvent, me paraît-il, être

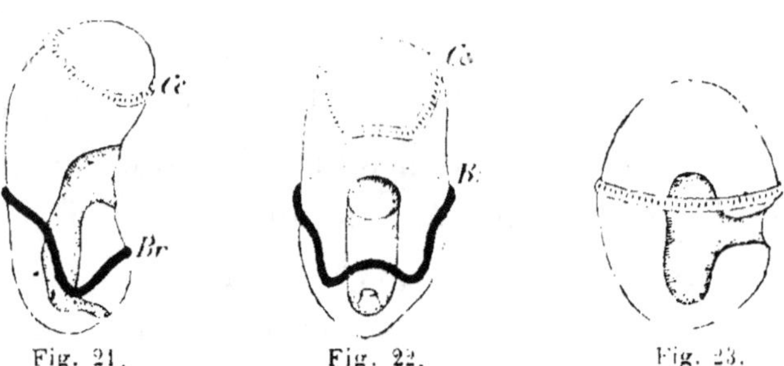

Fig. 21.   Fig. 22.   Fig. 23.

21. Larve zygotrochique d'Echinoderme (Gegenbaur).
Br, branchiotroche ; *Ce*, céphalotroche.
22. Vue de face d'une larve zygotrochique d'Echinoderme.
Br, branchiotroche ; *Ce*, céphalotroche.
23. Larve céphalotrochique (Chœtopode, Némertien,
Gastéropode) ou Trochosphère.

dérivées d'une ceinture ciliaire qui s'était développée, suivant toute probabilité, autour d'un

organisme ancestral, par une spécialisation de l'ectoderme cilié, à un moment où l'organisme

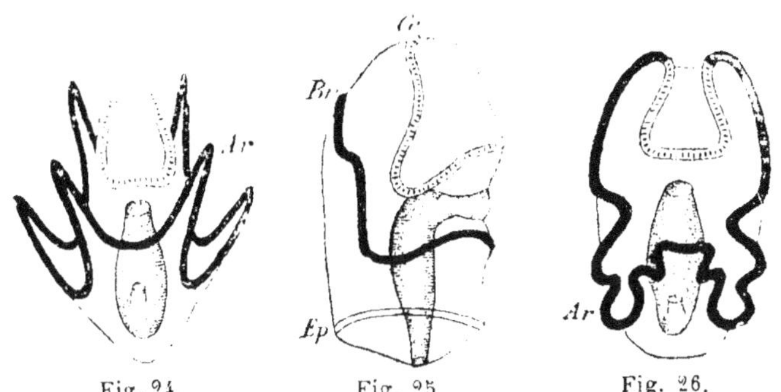

Fig. 24.   Fig. 25.   Fig. 26.

24. « Pluteus, » larve d'Echinide et d'Ophiuride (architrochique, anépitrochique). *Ar.* Architroche.

25. « Tornaria, » larve de *Balanoglossus* (zygotrochique, épitrochique). *Br*, Branchiotroche ; *Ce*, Céphalotroche ; *Ep*, Epitroche.

26. « Auricularia, » larve d'un Holoturien (architrochique, anépitrochique). *Ar*, Architroche.

était *télostomiate*; puis la planula télostomiate cessa de développer uniformément des cils, surtout

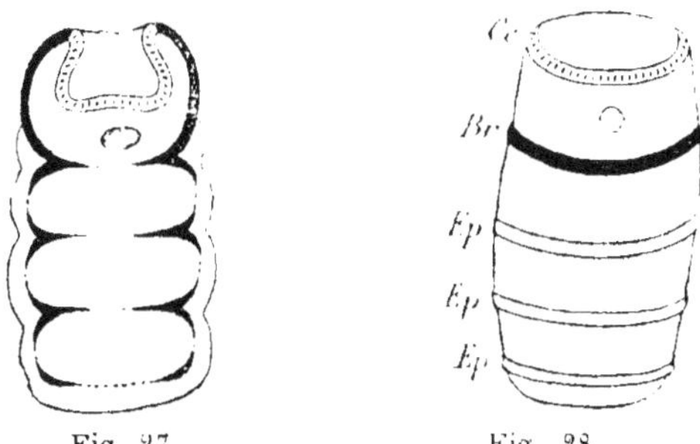

Fig. 27.   Fig. 28.

27. Forme de transition de l' « Auricularia » architrochique conduisant à la larve « vermiforme. »

28. Larve Holoturienne « vermiforme » (zygotrochique, polyépitrochique). *Br*, Branchiotroche ; *Ce*, Céphalotroche; *Ep, Ep, Ep*, Epitroche.

à sa surface, et acquit un cercle spécial de ces appendices non loin de la bouche (fig. 18). Le

changement de l'axe principal et l'acquisition de
la condition prostomiate pendant le dernier développement durent déterminer la production
de la forme maintenant visible dans les phases
primitives de l'ontogénie des Echinodermes, qui
a servi à Gegenbaur pour établir ses considérations sur ce sujet. Cette forme, caractérisée par
un cercle dont la bouche occupe le centre, peut
être appelée l'*Architroche* (fig. 18, 19). Je ne puis
me rappeler aucun représentant existant d'un architrochophore *télostomiate* (les Polyzoaires Cyclos-

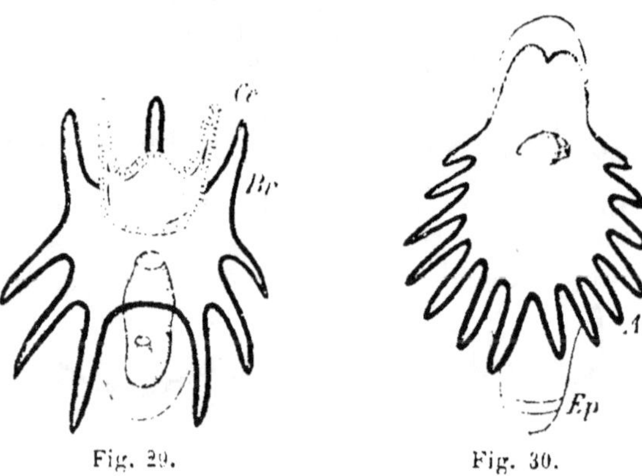

Fig. 29.   Fig. 30.

29. Larve « Brachiolaria, » d'Astéride (zygotochique,
anépitrochique). *Ce*, Céphalotroche ; *Br*, Branchiotroche.
30. Larve « Actinotrocha, » de Gephyrien Phoronis (architrochique, épitrochique, avec arrêt du développement de la portion céphalique de l'architroche). *Ar*, Architroche : *Ep*, Epitroche.

tomes le sont seulement périodiquement ; mais
les espèces primitives d'Echinodermes sont des
architrochophores prostomiates ou métaxiaux. Il
en est de même de l'*Actinotrocha*, tandis que les

tentacules des *Phoronis* sont simplement un architroche allongé en filaments. Les filaments des Polyzoaires avec trochophores hippocrépien et circulaire correspondent également à un architroche complet, allongé en filaments plus nombreux que ceux que nous trouvons dans les larves *Pluteus* ou dans les Bipennariés, et, en consé-

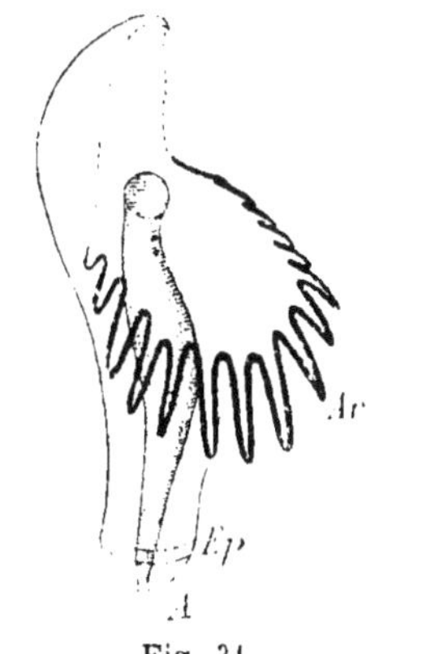

Fig. 31. Fig. 32.

31. Vue latérale de la larve de la figure 30. *A*, anus.
Les autres lettres ont la même signification.
32. Larve « Véligère » de Gastéropode, avec le céphalotroche filamenteux comparable aux tentacules d'un Polyzoaire (céphalotrochique, anépitrochique).

quence de leur modification filamenteuse, on ne peut se méprendre sur leur nature (fig. 34, 36). Ce développement de tentacules analogues à des filaments le long de la ligne de la bande ciliée est un trait caractéristique, tout à fait commun, de l'architroche et des cercles en lesquels il se divise. Ainsi, dans les Rotifères (*Stephanoceras*) et dans les embryons des Gastéropodes (*Mœgilli-*

oragia, *Ethella* le voile s'allonge en tentacules filamenteux ciliés (fig. 32).

Les filaments branchiaux des Lamellibranches forment avec les tentacules labiaux un architroche incomplet (fig. 33). Pour être complète, la ligne d'origine de la double rangée de *filaments branchiaux*, laquelle forme les lames branchiales, devrait se continuer de chaque côté derrière le pied entre le pied et l'anus. A cet endroit, l'architroche du Lamellibranche est brisé; mais ceci ne paraît pas surprenant, si l'on considère le cas des *Rhabdopleura*, qui, seuls parmi les Polyzoaires, offrent l'architroche incomplet et réduit à une paire d'appendices analogues à des plumes. Nous devons bien moins encore être étonnés de ce que l'architroche soit brisé transversalement en ce point, si nous considérons l'énorme développement du lobe musculaire dans l'aire architrochale, le pied étant vraiment un menton hypertrophié.

Une conséquence importante de l'opinion émise relativement à la nature des filaments branchiaux des Mollusques acéphales, est l'homologie sérielle des tentacules labiaux des Lamellibranches avec les lames branchiales des mêmes animaux. Toutes sortes d'homologies spéciales ont été proposées pour ces organes. En réalité, ils ne sont que des parties spécialement modifiées de la bande architrochale, ne donnant pas naissance aux filaments, mais devenant, par une dernière modification d'une série originaire de filaments, des lobes érectiles spongieux. Ils complètent, antérieurement ou préoralement, l'architroche du Lamellibranche. La réduction de l'architroche filifère, dans les Polyzoaires Rhabdopleurés, en une plume, est de la plus grande importance, parce qu'*elle nous permet d'établir que, dans d'autres cas, ces plumes branchiales ont pu être développées par la réduction d'un architroche.*

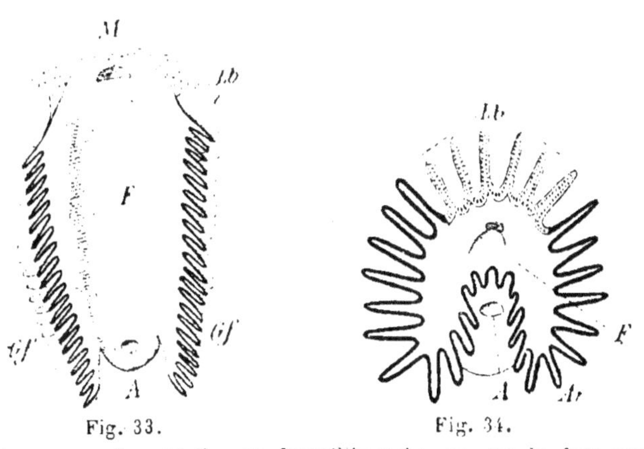

Fig. 33.　　　　　Fig. 34.

33. Diagramme d'un Mollusque Lamellibranche, vu par la face ventrale (architrochique, avec transformation de la région céphalique de l'architroche en palpes labiaux, et d'une portion de la région branchiale en filaments branchiaux *Gf*). *M*, bouche: *A*, anus: *F*, pied.

34. Diagramme de Mollusque tentaculibranche (Polyzoon), vu par la face ventrale (architrochique, anépitrochique). *A*, anus; *F*. pied: *Ar*, architroche: *Lb*, tentacules labiaux.

Pendant que les larves de certains Echinodermes (les *Pluteus* et *Auricularia* des Echidnés et des Holothuries) sont architrochiques, les *Bipen-*

naria et les *Brachiolaria* des Astérides présentent une importante modification de la condition primitive, ainsi que le fait l'Auricularia des Holothuries, lorsqu'elle passe à la condition polytrochique. L'anneau qui entoure la bouche s'allonge de telle façon qu'il s'étend de chaque côté autour de la larve, et que ses deux extrémités se rencontrant et se rejoignant, comme Gegenbaur l'a montré, il se développe deux anneaux, dont le plan est à angles droits avec celui de l'anneau

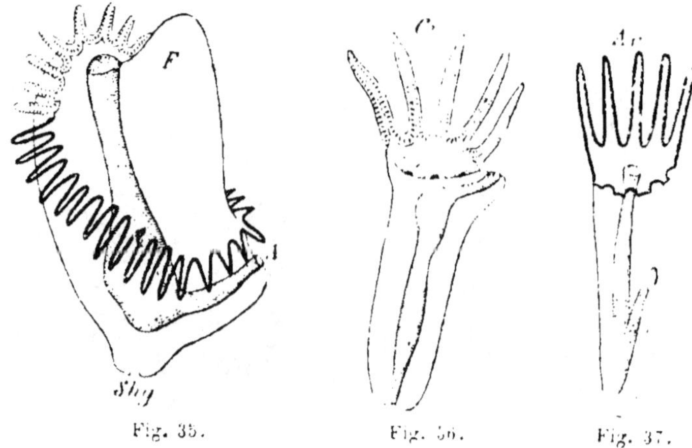

Fig. 35.   Fig. 36.   Fig. 37.

35. Mollusque hypothétique avec un architroche filamenteux, un pied *F*, et une glande coquillière *Shg*. 36. Diagramme d'un Rotifère, avec céphalotroche tentaculifère.

37. Diagramme d'un Polyzoaire, avec un architroche circulaire, tentaculifère.

originaire, unique, dont ils dérivent. Le cercle antérieur embrasse le prostomium; le cercle postérieur, qui est ordinairement plus grand et placé dans une direction oblique, est métastomial. Nous

trouvons dans les Échinodermes une grande tendance à cette rupture de l'architroche par un pin-
cement dorsal, sans que la fusion actuelle soit
accomplie. Je propose de donner à cet état du
cercle ciliaire dans lequel s'accomplit la fusion
l'épithète de *Zygotrochique*. Les larves des Astérides (fig. 29) sont zygotrochiques, comme le
paraît être la *Tornaria* (fig. 25) ou larve du *Balanoglossus*. Les deux cercles secondaires entre lesquels se divise l'architroche peuvent être convenablement désignés sous les noms de *céphalotroche* et *branchiotroche*.

Le céphalotroche est connu aussi sous le nom
de *velum* (voile). C'est cette partie seule de l'architroche différencié qui fait son apparition dans
les larves des Mollusques Gastéropodes; c'est
cette partie seule qui apparaît dans le cas de
beaucoup de larves d'Annélides et dans les Rotifères.

Le *branchiotroche* est ainsi nommé parce qu'il
forme la partie de l'architroche différencié qui
donne le plus constamment naissance aux filaments branchiaux ciliés. Tels sont les filaments
de l'*Actinotrocha* (fig. 30) et les filaments branchiaux des Lamellibranches. Je suis porté à croire
que les filaments branchiaux de l'adulte, qui ne
peuvent pas être comparés directement, en fait, à
un branchiotroche larvaire, dans les cas où la

larve possède seulement un voile ou céphalotroche, peuvent cependant être, à juste titre, considérés, en conséquence de leur position et de leur structure, comme constituant une des modifications du branchiotroche.

Les deux portions du zygotroche une fois différenciées de l'architroche peuvent avoir acquis, chez quelques espèces, une indépendance considérable l'une vis-à-vis de l'autre, dans leur développement, tandis que dans le groupe archaïque des Echinodermes elles continuent à suivre la marche primitive de leur développement.

Dans beaucoup de Chaetopodes, de Platyelmia, de Mollusques Encéphalés, l'embryon, quand il est presque de forme sphérique et diblastulé, acquiert le céphalotroche, qui prend à cette période primitive la forme d'un cercle équatorial (fig. 23). Une telle larve forme ce que j'ai appelé la *trochosphère*. Ce n'est pas directement une forme primitive, mais elle est dérivée, en suivant les degrés que je viens d'indiquer, et par une série d'adaptations, de *l'architrochophore télostomiate*. C'est une forme *larvaire adaptationelle*, commune à beaucoup d'organismes marins ; elle indique que ses ancêtres, dans un temps ou dans un autre, pendant la période de larve ou à l'état parfait, ont offert les conditions suivantes : 1° Télostomiate architrochique ; 2° Métaxial architrochique ; 3° Zygotrochique; 4° Céphalotrochique (c'est-à-dire suppression du branchiotroche).

Le professsur Semper a essayé récemment de présenter cette forme larvaire très modifiée, avec son cercle céphalique prématuré, comme une forme ancestrale importante, et a émis une « théorie de la Trochosphère ». Si les opinions que j'ai exprimées ici sont bien fondées, la théorie de la trochosphère de Semper ne vaut pas plus que sa théorie de l'Amphioxus.

Beaucoup de larves ciliées ont été nommées télotrochiques (fig. 25 et 30), parce qu'elles possèdent un cercle péri-anal de cils. Gegenbaur est porté, bien que ce ne soit pas d'une façon décisive, à rattacher ce télotroche à l'architroche, le regardant comme l'équivalent de la moitié branchiotrochale. Je ne puis pas considérer cette façon de voir comme justifiée. Le télotroche paraît être la répétition métamérique de l'architroche ou de sa moitié branchiotrochale. Cette opinion m'est suggérée par la condition de la larve *Tornaria* du *Balanoglossus*. Il est possible que les cercles ciliés situés en arrière de l'architroche ou de ses dérivatifs puissent être considérés comme des formations tout à fait secondaires, et, en effet, ils le sont, à quelque point de vue qu'on se place, en tant que le métamérisme est une condition secondaire. Ces cercles secondaires, tels que le télotroche et les autres cercles plus ou moins nombreux des larves polytrochiques, je propose de les appeler *épitroches*. En conséquence, une larve ciliée, soit architrochique, soit zygotrochique, peut être « anépitrochique » ou « monépitrochique », ou « polyépitrochique ».

Les larves polyépitrochiques les plus remarquables sont celles auxquelles les larves architrochiques Auricularia des Holothuries donnent naissance. L'architroche de ces larves devient un zygotroche, un céphalotroche distinct du velum, appartenant à la région prostomiale et détaché du cercle branchial ; mais ce dernier, au lieu de former un seul anneau, se brise en quatre anneaux, par un développement de pièces croisées qui correspond au métamérisme souvent indiqué aussi par la lobulation doublement marquée du corps.

Il est intéressant de noter que dans cette segmentation transitoire, métamérique, de l'Holothurie, les métamères concordent avec les métamères plus complétement développés des Vers segmentés, par ce double fait que, *pendant que le premier métamère consiste en prostomium et métastomium, chaque métamère suivant correspond seulement à la portion métastomiale du premier métamère.*

Cela est facile à voir dans le cas de la larve

polyépitrochique de l'Holothurie; les cercles métastomiaux sont, en effet, produits par la conversion directe de la portion métastomiale (branchiotroche) du zygotroche. Dans les autres larves polyépitrochiques, aussi bien que dans les larves monépitrochiques, les épitroches se développent tout à fait indépendamment de l'architroche ou de ses parties. Les *Terebratula* et les autres Brachiopodes se présentent à nous avec une larve polyépitrochique ayant antérieurement un architroche. L'*Actinotrocha* possède un épitroche et un architroche. La larve du *Dentalium* possède un céphalotroche, suivi de plusieurs épitroches formés d'une façon indépendante. La même chose se présente dans quelques larves de Ptéropodes. Beaucoup de larves de Chætopodes sont aussi dans ce cas.

Il semble être tout à fait possible que les filaments branchiaux des Vers Chætopodes, aussi bien que les branchies des Mollusques Eucéphales, puissent, comme les filaments branchiaux, les panaches des Mollusques Acéphales et les couronnes tentaculaires du *Phoronis* et des *Géphyriens*, être représentés par la moitié branchiotrochale de l'architroche. Enumération des modifications de l'Architroche :

A. Formes architrochiques :

1° Anépitrochique. *Pluteus* des Echinidés et des

Ophiuridés ; *Auricularia* des Holothuries ; Polyzoaires larvaires et adultes ; Lamellibranches et Brachiopodes ; *Phoronis* adulte ; et aussi *Bonellia*. *Thalassema*, *Sipunculus*.

2° Monépitrochique. Actinotroche.

3° Polyépitrochique. Larves des Brachiopodes (Kowalewsky).

B. Zygotrochique avec céphalotroche et branchiotroche.

1° Anépitrochique. *Brachiolaria* et *Bipennaria* (des Astérides), quelques Gastéropodes ?.

2° Monépitrochique. *Tornaria* du *Balanoglossus*.

3° Polyépitrochique. Larve vermiforme d'Holothuries et *Comatula*.

C. Céphalotrochique avec suppression du branchiotroche).

1° Anépitrochique. Rotifères adultes, larve trochosphère des Vers et des Mollusques, larve véligère des Gastéropodes et des Ptéropodes.

2° Monépitrochique. Les larves communes à deux cercles des Chætopodes.

3° Polyépitrochique. La larve polytrochique des Chætopodes et d'autres Vers, et aussi du *Dentalium* (Mollusque) et de quelques Ptéropodes.

IV

Les Néphridies, ou organes segmentaires des Entérozoaires.

Dans toutes les classes des Entérozoaires, il existe, indépendamment de la bouche et de l'anus, d'autres orifices, habituellement petits, ouverts dans la cavité qui représente originairement l'archentéron. Dans les Cœlentérés, où le cœlome est produit par le développement d'une extension périaxiale de l'entéron ou par un périentéron, nous trouvons de semblables ouvertures, spécialement associées avec le cœlome rudimentaire. Chez les Actinozoaires, des ouvertures identiques existent dans les tentacules ou au niveau du pôle aboral. Chez quelques Cténophores, deux canaux font communiquer le cœlome, encore non spécialisé, avec l'extérieur, à l'aide de deux ouvertures placées au pôle aboral.

Quand le cœlome est devenu une cavité définitivement distincte du métentéron, nom que nous donnons maintenant à ce qui reste de l'archentéron, ses communications avec l'extérieur acquièrent un caractère plus important. Soit que les ramifications respiratoires, soit que les orifices du système *ambulacral*, chez les Echinodermes, représentent les communications établies entre le cœlome et l'extérieur dans les Cœlomata, il paraît certain que dans les Rotifères, dans les Vers plats, dans les Géphyriens (non les conduits génitaux), dans les Mollusques, dans les Métamères des Chætopodes, dans les Vertébrés et même dans quelques Arthropodes, il y a évidence de l'existence d'une seule paire de canaux, plus ou moins fortement modifiés par des développements glandulaires, lesquels s'ouvrent habituellement à l'aide d'orifices tubuleux, dans le cœlome par l'une de leurs extrémités et à l'extérieur dans le voisinage de l'anus, ou dans un cloaque par l'autre extrémité, mettant ainsi le cœlome en communication avec l'extérieur.

Cette paire de tubes ciliés paraît être dans tous les cas le même organe[1]. Primitivement, ces tubes se développent comme le stomodæum et le proctodæum par invagination de l'ectoderme ou déron. Actuellement, aucune dénomination fixe n'est attribuée à cette importante paire d'organes. Dans quelques groupes, on leur donne le nom d' « organes segmentaires » ; dans d'autres, on les nomme « organes excréteurs primitifs ». Puis-

---

1. Gegenbaur reconnaît deux sortes d'organes excréteurs primitifs qui, s'ils sont réellement distincts, peuvent être désignés sur les noms de *néphridies antérieurs* et *néphridies postérieurs*.

— 61 —

que très souvent ces canaux acquièrent une fonction excrétoriale et donnent naissance aux reins,
bien qu'ils puissent aussi servir à l'évacuation des
produits génitaux, je propose de les appeler *néphridies*, du diminutif du mot grec qu'on emploie
pour désigner les reins. Les néphridies, dans les
Rotifères. Turbellariés et Trématodes, sont les
canaux ciliés, bien que dans les Vers plats il soit
impossible de dire où, dans ce système de canaux,
le néphridium finit et le cœlome commence. Dans
les Chætopodes, les Néphridies sont les organes
segmentaires. Dans les Gephyriens, ils sont représentés par la paire d'organes qui s'ouvrent dans
le cloaque; dans les Lamellibranches, ce sont les
organes de Bojanus ; dans les Brachiopodes, ce
sont les oviductes (aussi appelés cœurs); dans les
Gastéropodes, ils apparaissent de façon ou d'autre
dans l'embryon en beaucoup de cas comme des
reins primitifs. Dans les Arthropodes trachéens, il
est possible que les canaux de Malpighi soient
les néphridies; les reins des Vertébrés et les canaux génitaux ont récemment été considérés par
Balfour et Semper comme représentant des Néphridies.

La terminologie admise par la nouvelle doctrine. quant aux canaux génito-urinaires des
Vertébrés, me paraît avoir besoin d'être éclaircie ;
c'est pourquoi je propose ce qui suit.

La segmentation métamérique des Vertébrés primitifs nous donne une série de néphridies, dérivés d'une seule paire de néphridies existant chez les Vertébrés non segmentés encore primitifs. Les néphridies ne sont pas cependant, dans es Vertébrés métamériques, séparés l'un de l'autre, chacun avec une ouverture externe propre, comme dans les Vers Chœtopodes ; mais tous se développent sur un conduit commun, de sorte qu'ils forment un organe de chaque côté de l'animal. Cet organe composé est un rein ; il peut être nommé *archinéphron* ; son canal serait le canal *archinéphrique*. Par une scission longitudinale, parallèle à son axe, le canal archinéphrique se divise en deux canaux : l'un, *canal pronéphrique*, en connexion avec les néphridies les plus antérieurs qui forment le pronéphron ; l'autre, *canal mésonéphrique*, en connexion avec les néphridies postérieurs, formant le *mésonéphron*. Si le pronéphron avorte, le canal pronéphrique devient l'oviducte ; il est fréquemment appelé canal de Müller. Le mésonéphron est le corps de Wolff ; son canal est le canal de Wolff. Les néphridies antérieurs forment les canaux du testicule. Enfin un métanéphron, avec conduit métanéphrique distinct du canal de Wolff ou canal mésonéphrique, peut se développer postérieurement, par un accroissement plus tardif des néphri-

dies. Ce métanéphron, avec son canal métanéphrique, existe chez les Requins. Chez les Vertébrés Abranches, il devient le rein permanent,
et son canal est l'uretère.

Dans ce qui précède, nous avons esquissé les
productions cellulaires des tissus superficiels et
profonds de la paroi du corps, celles de la membrane limitante des espaces lymphatico-hémaux
et des vaisseaux avec les corpuscules qu'ils contiennent, et celles des tissus interne et externe du
canal alimentaire.

Origine des tissus nerveux. — Il nous reste à
compléter cette esquisse. L'ectoderme, après s'être
divisé, comme nous l'avons vu plus haut, pour
produire l'épiblaste et la portion musculo-squelettale du mésoblaste. — ou, comme nous pouvons l'établir, en une partie neuro-dermale et une
partie myo-squelettale, se différencie encore davantage. Le tissu neurodermal qui, par sa position, représente véritablement l'ectoderme primitif, se divise maintenant en groupes de cellules
neurales et dermales. Cette division n'est pas produite par un dédoublement général du neuroderme ou épiblaste, mais par une différenciation
localisée. Dans toutes les classes d'organismes
possédant des centres nerveux ou masses de cellules ganglionnaires nerveuses, on a constaté que
ces formations dérivent du neuroderme ou épi-

blaste. Il est probable que primitivement tout l'appareil nerveux se rattache à l'épiblaste et que dans les cas, assez nombreux, où des amas de cellules nerveuses et de fibres sont produits profondément par différenciation des cellules du mésoblaste, on ne doit pas considérer ces formations nerveuses comme résultant d'une métamorphose graduelle des éléments musculo-squelettaux ou vasculaires. Leur développement ontogénétique actuel, dans des points qui ne sont pas en connexion directe avec l'épiblaste, doit être expliqué comme nous avons expliqué d'autres exemples de connexions ancestrales, à savoir par une transformation très primitive de molécules nerveuses, appartenant aux cellules destinées à former l'épiblaste, en cellules destinées à former le mésoblaste.

Dans toutes les Prostomiates ou, ce qui est la même chose, dans tous les Entérozoaires bilatéraux ou cœlomates, les formations nerveuses principales occupent la même position. Elles apparaissent primitivement sous la forme d'une paire de centres nerveux placés latéralement dans le prostomium et émettant des fibres radiées. Leur développement subséquent consiste en une élongation, de sorte qu'elles deviennent des cordons latéraux le long desquels peuvent être distribués les éléments cellulaires fibreux et sphériques qui caractérisent le tissu nerveux; ou bien les éléments sphériques peuvent être concentrés sur des points principaux, déterminés par l'importance d'autres parties du corps, telles que la segmentation métamérique des muscles, ou le développement d'un mésopode (pied des Mollusques) ou d'un organe sensitif spécial. Les cordons latéraux une fois établis montrent une tendance très forte à s'unir en un seul cordon et se rapprochent graduellement de la ligne médiane. Cette jonction des cordons latéraux peut se faire, soit sur la ligne médiane dorsale, soit sur la ligne médiane ventrale; le résultat est la production d'une chaîne nerveuse dorsale ou ventrale.

Dans la plupart des Entérozoaires supérieurs, la jonction s'effectue dorsalement dans la région du prostomium et ventralement dans la région métastomiale. Les cas de fusion très partielle ou tout à fait insignifiante des portions métastomiales des formations nerveuses sont communs.

Archentère, Parentère, Métentère, Mésentère et Cœcums hépatiques. — Les différenciations successives ou subdivisions de la cavité digestive primordiale (archentère), tapissée par l'endoderme ou couche des cellules entériques, peuvent être rapidement résumées comme suit :

L'archentère (Urdarm) se divise en deux parentères qui plus tard se confondent en un métentère situé axialement. Les parentères donnent le cœlome; le métentère conserve les fonctions digestives. Le parentère forme l'épithélium cœlomique et vasculaire, les corpuscules du sang et les éléments reproducteurs femelles (œufs). Suivant Ed. Van Beneden, les éléments reproducteurs mâles sont formés par des cellules ectodermiques ou dériques. Le métentère est rejoint par le stomodæum et par le proctodæum et donne alors naissance, dans un grand nombre de cas, à deux excroissances cœcales (cœcums hépatiques) souvent très grandes et qui ressemblent parfois au parentère cœlomique. Cependant nous pensons que ces cœcums n'ont rien de commun avec le parentère cœlomique, et qu'ils sont d'origine beaucoup plus récente. Ils se distinguent très nettement, par leurs caractères, du reste du métentère, qui doit être maintenant désigné sous le nom de mésentère, et ils continuent à s'y ouvrir un étroit passage à travers lequel s'écoulent leurs produits de sécrétion. Ainsi, de même que l'archentère se divise en parentère et en métentère, le métentère se divise, de son côté, en *hépatentères* ou cœcums hépatiques et en mésentère.

Nous ne mentionnerons pas ici d'autres diverticulums, auxquels le mésentère donne naissance. Nous devons faire observer que les diverticulums salivaires sont des dépendances du stomodæum, tandis que les cœcums glandulaires, les canaux et les parties solides qui appartiennent aux organes sexuels se développent du proctodæum, de la même façon que les parties similaires appartenant à la bouche se développent du stomodæum.

VI. — CAUSES GÉNÉRALES ET MODES PRINCIPAUX DU DÉVELOPPEMENT.

Dans les précédentes parties de cet essai, nous avons discuté la succession probable des formes et les phases particulières de complexité croissante que les organismes animaux ont présenté dans le cours de leur développement historique. Nous avons tenté de prouver que les phénomènes du développement individuel, à partir de l'œuf, peuvent être considérés comme des récapitulations ou des abrégés du développement historique, avec plus ou moins d'omissions ou d'interruptions.

Plaçons-nous maintenant à un point de vue plus vaste, et essayons d'établir quelles sont les causes les plus générales ou les antécédents du développement organique, et quels sont les effets les plus généraux de ces causes, c'est-à-dire leur mode d'action; nous nous rapprocherons ainsi davantage du but extrême de la biologie, qui est d'expliquer les phénomènes de la matière vivante ou protoplasma à l'aide des lois de la chimie et de la physique.

Afin de considérer le développement de ce point de vue physiologique, il est nécessaire de jeter un coup d'œil sur la structure des organismes, comparée à leur activité.

Les propositions suivantes contiennent la doctrine essentielle de la dépendance réciproque de la structure et de la fonction :

1° Chaque organisme est, ou bien un seul corpuscule de protoplasma, ou bien une agrégation de corpuscules identiques, diversement modifiés;

2° Un corpuscule de protoplasma ou « unité de structure organique » porte le nom de *plastide*. Une plastide qui possède un noyau ou foyer différencié est appelée *cellule;* une plastide sans noyau se nomme *cytode*.

3° La substance vivante de tous les organismes, qu'elle consiste en une seule ou en beaucoup de plastides, manifeste les activités suivantes, qui s'expliquent par sa constitution chimique et physique : 1° contractilité; 2° irritabilité; 3° réception et assimilation des substances étrangères; 4° transformation chimique et sécrétion ; 5° respiration, c'est-à-dire combinaison avec l'oxygène et excrétion d'acide carbonique; 6° reproduction, ayant pour résultat la croissance, ou, lorsqu'elle est accompagnée de division, ayant pour conséquence la multiplication des individus.

4° Dans les organismes inférieurs qui consistent

en une seule plastide, ces activités variées sont exercées, toutes à la fois, par le même corpuscule protoplasmique. Dans les organismes supérieurs formés de nombreuses plastides, elles sont manifestées plus ou moins clairement par chacune et par toutes, mais varient d'intensité suivant les plastides. Selon leur situation et l'activité particulière qu'elles offrent de préférence, les plastides de ces organismes varient de forme; la nature et la proportion des transformations chimiques auxquelles le protoplasma qui les forme est sujet varient également. Elles peuvent être sphériques, en forme de colonnes prismatiques, étoilées, fusiformes, ramifiées, ou unies pour former des fibres. La substance placée entre les plastides peut manquer (quand les plastides sont continues) ou être en petite ou en grande quantité. Elle peut être solide et dense, ou gélatineuse et visqueuse, ou fibreuse, ou liquide.

5° Quand un certain nombre de plastides offrant de préférence une sorte particulière d'activité (voyez sect. 3) et séparées par une forme spéciale de substance intermédiaire (s'il y en a) sont disposées en couches ou en d'autres formations isolables, on dit qu'elles constituent un tissu.

6° Dans les organismes supérieurs, les activités énumérées dans la section 3, et dont chacune est offerte plus ou moins par les diverses plastides constituantes, sont plus énergiquement exercées par des parties spécialement adaptées et désignées sous le nom d'*organes*. Chaque organe a sa *fonction* en rapport avec l'une ou l'autre de ces activités. Beaucoup de tissus peuvent entrer dans la composition d'un organe. Une série d'organes connexes forme un *système*.

7° Le développement des organismes, développement dont nous avons tracé, dans la première partie de cet essai, l'expression concrète, en ce qui se rapporte aux animaux, est d'abord déterminé par l'avantage que possède un organisme dans la lutte pour l'existence, lorsque les activités spécifiées dans la section 3 deviennent le partage de parties spéciales, c'est-à-dire que l'animal acquiert des avantages considérables par la possession de tissus et d'organes.

8° La possibilité du développement est due seulement à la constitution physico-chimique du protoplasma. En vertu de cette constitution, le protoplasma est soumis : *a.* à une *variation illimitée*, déterminée par l'action de forces incidentes; *b.* et à la *permanence des impressions* ou *mémoire*. En vertu de la mémoire du protoplasma, des variations favorables, accomplies pendant le conflit entre la vie et la mort dans le milieu environnant, deviennent des adaptations permanentes dans les organismes qui survivent, soit comme individus, soit comme générations nouvelles. Ceux qui subissent des variations malheureuses périssent par suite du manque d'accord des *variations* nouvellement acquises ou constitutionnelles, avec les conditions présentées par la lutte pour l'existence. Ainsi se produit la sélection de nouvelles variations et la constante accumulation de progrès nouvellement acquis par l'opération de la mémoire du protoplasma dans les survivants de la lutte pour l'existence. La distribution des fonctions dans des parties spécialisées de l'organisme s'est de la sorte lentement produite. L'avantage final qui résulte d'une structure très compliquée a été acquis par certains représentants de la lignée animale et végétale par l'adaptation due à la faculté de variation illimitée, et par l'hérédité qui est seulement un autre nom de la mémoire ou permanence d'impression, manifestée par les éléments reproducteurs détachés d'un organisme.

9° Le développement de nouveaux tissus ou de nouveaux organes dans une race d'organismes où ces tissus ou organes n'ont pas d'existence antérieure doit suivre une marche définie, d'après la nature des causes agissantes (sect. 7 et 8). Ce développement doit être tout à fait graduel. On peut considérer comme une loi de développement qu'aucune partie nouvelle n'apparaît réellement d'emblée, et que chaque tissu ou organe qui paraît nouveau au morphologiste n'est, nécessairement, qu'une modification d'un tissu ou d'un organe préexistant. La continuité absolue des formes est une déduction de la loi d'évolution et de l'hypothèse de l'unité d'organisation.

Les procédés de différenciation par lesquels les organismes acquièrent des modifications de structure peuvent être groupés sous les dénominations principales suivantes : 1° répétition polaire d'unité de structure; 2° ségrégation de substances différant chimiquement et physiquement; 3° hypertrophie et atrophie de parties par rapport les unes aux autres; 4° concrescence d'unités polaires ou d'appendices et de tissus.

La *répétition polaire* tient le premier rang dans cette liste, puisqu'elle dépend d'un des caractères les plus importants et les plus distincts du protoplasma, caractère avec lequel la polarité cristalline seulement peut être comparée. L'existence d'organismes multicellulaires, au lieu de grands organismes unicellulaires, est due aux conditions particulières de cohésion moléculaire dans le protoplasma. En effet, la répétition polaire de l'unité organique la plus simple est au fond la différenciation organique la plus élevée. De plus, nous voyons que les groupes formés par les unités primaires ou plastides, qu'Herbert Spencer appelle *agrégats de second ordre*, peuvent, comme les unités primaires, cesser de croître indéfiniment comme unités secondaires, et, avec ou sans segmentation, l'unité secondaire croissante se dispose en un nombre de ces unités secondaires (en ligne, comme dans les Vers, ou irrégulièrement, comme dans les Polypes, ou en rayons, comme dans les Tuniciers composés) et devient elle-même un agrégat de troisième ordre.

Ainsi, la polarité du protoplasma est un élément très important de la différenciation des formes organiques.

La ségrégation peut amener lentement une différenciation dans la substance de deux portions de la même unité et enfin établir la démarcation la plus nette entre ces deux portions : toute ségrégation des éléments constitutionnels et structuraux unis se range sous ce titre.

L'*hypertrophie* et l'*atrophie* sont les procédés le plus évidemment efficaces de différenciation, quand on a commencé soit par la répétition polaire, soit par la simple ségrégation. L'hypertrophie agrandit une unité ou une rangée d'unités, tandis que le reste demeure stationnaire, ou bien la moitié d'une cellule, déjà différenciée par la ségrégation, s'atrophie, pendant que l'autre s'hypertrophie.

Par l'atrophie, les cils disparaissent de la surface du corps et se restreignent à une seule bande;

par l'hypertrophie, cette bande s'allonge en tentacules filamenteux.

La majorité des différenciations de développement, que l'étude minutieuse de l'ontogénie et
l'usage prudent de l'hypothèse de récapitulation
nous donnent la faculté de supposer être histori-
quement survenues dans le cours de l'évolution
animale, peuvent être réduites aux termes d'hypertrophie et d'atrophie.

La *concrescence* (assemblage) enfin, quoiqu'un
peu moins frappante, n'est pas une forme moins
importante de modification structurale que celles
dont nous avons déjà fait mention. La concrescence défait l'ouvrage de la répétition polaire et
de la ségrégation. Par elle, les tissus multicellulaires deviennent des *syncytiums*, les animaux
segmentés perdent toute trace de leurs segments,
ou bien leur segmentation devient obscure et obli-
térée en grande partie.

C'est ce phénomène qui se produit dans la fusion des ganglions nerveux, dans l'adhésion et
dans la combinaison des filaments branchiaux, et
dans le remplacement d'une unité continue par un
nombre d'unités. Il ne faut pas confondre ce dernier cas avec l'hypertrophie et l'atrophie con-
comitante.

VII. — CLASSIFICATION.

On peut établir des classifications de diverses
sortes, en tenant compte de motifs différents,
fournis par l'étude des séries des formes animales.
Une classification peut être « subjective », c'est-à-
dire tirer son importance de relations subjectives,
établies à l'aide de caractères spéciaux, choisis
pour des motifs bien connus de la personne qui
les prend comme base de sa classification. Ce
n'est que récemment et depuis qu'on a admis que
tous les organismes vivants ou éteints font partie
d'un même grand arbre généalogique, que l'on a
pu chercher à établir des systèmes de classification en se plaçant au point de vue objectif.

Beaucoup de classifications peuvent être et sont
nommées objectives (parce qu'elles sont logique-
ment correctes), qui, en raison de leurs abstractions purement mentales, arbitrairement choisies
au milieu des abstractions les plus nombreuses
possibles, devraient plus justement être appelées
« subjectives ». Cependant il y a une classification
objective possible, qui n'est pas une abstraction
mentale, mais qui, correspondant à l'ordre dans
lequel les objets à classer ont été mis au jour,
peut réclamer le titre d'objective et de classifica-

tion naturelle par excellence. Cette classification devrait former un tableau complet de la généalogie du règne animal.

Il est certain que nous ne pourrons jamais compléter entièrement cette classification généalogique, réelle ou objective.

En conséquence, toutes nos tentatives — s'il est permis de parler ainsi — ont abouti à des classifications subjectives, puisqu'elles s'éloignent d'autant plus de la réalité objective que notre imagination doit davantage suppléer aux lacunes de notre science. Mais il est assez clair que plus nos connaissances augmentent, plus nous pouvons parvenir à l'établissement d'une classification généalogique répondant à la réalité des faits.

Ce qu'il y a d'objectif dans nos classifications peut être constamment vérifié et discuté, tandis que les classifications étrangères aux spéculations généalogiques, bien qu'elles puissent réclamer pour leur justification une objectivité indiscutable, ne se recommandent pas de la même façon aux naturalistes contemporains. Ces classifications peuvent être aussi nombreuses qu'elles sont variées, mais leur utilité n'est proportionnelle qu'au degré d'approximation qu'elles présentent avec ce qu'elles professent ignorer, c'est-à-dire avec la généalogie. Le fait logique qui ressort de ce genre de classifications, quoique indiscutable, est de peu de conséquence et estimé au-dessus de sa valeur.

En effet, si nous admettons avec Mill que la classification la plus parfaite est celle qui cherche « à disposer les objets en groupes tels, et ces groupes dans un ordre tel, qu'on puisse arriver mieux et plus sûrement à la connaissance des lois qui régissent lesdits groupes, » nous ne pouvons pas douter qu'une classification des animaux ayant nettement en vue la loi d'évolution doit vraisemblablement conduire plus sûrement à la connaissance des phénomènes produits par cette loi que toute classification qui ignore cette même loi.

Homogénie et homoplasie. Progression et dégénération. — Dans la tentative que nous faisons d'établir la véritable généalogie du règne animal, il est assez clair que nous cherchons à tracer les lignes de descendance et que nous devons nous appuyer d'abord : 1° sur la supposition que les organismes de structure analogue, c'est-à-dire adaptés de la même façon, se rattachent les uns aux autres, par la filiation, à un degré directement proportionné avec leurs ressemblances ; 2° sur ce que l'effet général de l'évolution, dans ses rapports avec les organismes, a été la production d'un progrès graduel des conditions de structure les plus simples jusqu'aux plus compliquées ; on en conclut que les organismes actuels les plus simples sont les représentants survivants des phases primaires de l'évolution organique, à la race de laquelle ils appartiennent, n'ayant jamais atteint un plus haut niveau qu'aujourd'hui, et que tous les organismes existants peuvent être divisés, suivant les degrés de complication de leur structure, en plusieurs séries ascendantes, dont les degrés représentent autant d'étapes atteintes et traversées par les ancêtres des membres appartenant à la série la plus élevée.

En partant de ces deux propositions, ainsi que l'ont fait tous ceux qui ont tenté une classification phylogénétique, on s'aperçoit bientôt qu'il est nécessaire de se relâcher de leur application générale.

On reconnaît bientôt (cela est admis universellement) qu'il existe beaucoup d'organismes présentant dans leur ensemble ou dans les détails principaux de leur organisation une très grande analogie, c'est-à-dire adaptés identiquement, qui cependant (comme l'apprend l'histoire de leur développement ou quelque trait de structure indiscutable) ne tiennent pas cette similitude de l'hérédité, mais la doivent à une identité d'adaptation produite, d'une façon indépendante, et due à une production des mêmes conditions adaptationnelles.

Une telle similitude est due à *l'homoplasie*, tandis que la ressemblance héréditaire est due à l'*homogénie.* Dans la classification phylogénétique, nous devons donc nous bien tenir en garde contre les méprises que l'homoplasie peut faire commettre dans l'établissement des rapports homogénésiques.

Une méthode objective de classification qui ignorerait la doctrine de l'évolution ne pourrait pas manquer de confondre les organismes produits par l'homogénie avec ceux qui se relient seulement par homoplasie. C'est ce qui a été fait dans toutes les classifications de la première moitié de ce siècle.

Quant à la seconde proposition, d'après laquelle il se produirait une « progression continue » dans les myriades de branches et de rejetons de la généalogie organique, progression comparable à un courant permanent, tantôt plus lent, tantôt plus rapide, mais toujours dirigé en avant, et recevant tous les petits ruisseaux formés par la division du ruisseau originaire de la vie, elle a été aussi universellement critiquée. On a admis que dans certains cas très évidents, par exemple dans beaucoup d'animaux parasites et sub-parasites, il s'est produit un renversement du courant de développement, et que *ces formes sont le résultat non d'une adaptation progressive, mais d'une adaptation rétrogressive, d'une dégénération.*

En ce qui concerne les deux propositions, les

critiques n'ont été admises qu'à regret et d'une
façon insuffisante. Il n'est en effet pas suffisam
ment admis comme règle que l'homoplasie est
une véritable cause de similitude structurale, au
même titre que l'homogénie. Lorsque nous em-
ployons la méthode logique qui consiste à admettre une cause uniforme, par exemple l'homogénie, pour nous rendre compte de la similitude
structurale, nous devrions être sur nos gardes
toutes les fois qu'une difficulté s'élève dans les
conséquences déduites de l'emploi de l'homogénie
et essayer d'appliquer alors l'homoplasie. Ainsi
M. Jhering, s'appropriant la doctrine et le terme
homoplasie, a suggéré que dans le groupe des
Mollusques, tel que le limitent généralement les
naturalistes, sont compris deux groupes homo-
plasiques d'origine totalement différente. Il n'y a
rien d'improbable dans cette application de la doctrine de l'homoplasie. En effet, je suis porté à
penser qu'une application semblable au groupe
des Arthropodes est le seul moyen que nous
ayons d'échapper aux difficultés que présente l'hypothèse de l'homogénie, appliquée seule à ce
groupe. Cependant, quant aux Mollusques, M. Jhering paraît avoir été singulièrement malheureux,
malgré l'habileté qu'il a déployée en faisant usage
d'outils empruntés. Les deux groupes homoplasi-
ques que M. Jhering s'imagine avoir découverts

sous le type commun Mollusque ont chacun, suivant lui, développé, indépendamment, ce très
remarquable appareil, le ruban lingual, avec ses
coussinets et ses muscles. Une telle proposition
n'a nullement besoin d'être justifiée. Nous voyons
dans le cas de M. Jhering une intéressante preuve
de la nécessité d'assurer et de respecter les limites
dans lesquelles l'homoplasie peut être raisonna-
blement considérée comme une cause possible
d'identité structurale dans la comparaison des organismes.

Nous ne connaissons aucun cas où il n'y ait
pas de raison pour conclure que l'homoplasie —
c'est-à-dire l'adaptation indépendante — a produit
deux structures si complexes et si variées comme
détails, et cependant si absolument les mêmes
à tous égards, que le sont l'appareil lingual du
Chiton et celui des Gastéropodes normaux. La
supposition qu'un tel pouvoir appartienne à l'homoplasie, est une violation du sens commun, suffisamment déconsidérée, malgré tout le papier qui
a été employé pour donner à son appui une noto-
riété éphémère.

Nous avons toute raison de considérer l'homoplasie comme responsable de la similitude qui
existe entre le bec d'une Tortue de mer et le bec
d'un Oiseau, entre la plaque écailleuse des Lamellibranches et le pharynx des Vertébrés inférieurs.

entre la segmentation de quelques *Platyelmia* et la segmentation des *Appendiculata*. Nous lui attribuons aussi la transformation de pattes en mâchoires, à la fois dans les Crustacés et dans les *Tracheata*, et le développement de tubes trachéens d'abord dans le *Peripatus* et ensuite dans les Insectes. Mais, dans aucun de ces cas, nous ne sommes conduits à rien attribuer à l'homoplasie, au delà de la production d'une ressemblance très générale et très simple, et, jusqu'à ce que nous ayons des raisons de supposer qu'elle peut agir continuellement et par accumulation, de façon à produire des analogies élaborées, nous n'avons pas lieu de lui assigner ce pouvoir dans les cas particuliers.

C'est principalement vers le remarquable mémoire d'Anton Dohrn[1] que l'attention a été dirigée, quant à la nécessité logique d'admettre la possibilité d'une action considérable de la dégénération. Les naturalistes sont actuellement si bien persuadés en général (par habitude, non par raison) de l'universalité de la progression, que personne n'a essayé de regarder en face la théorie de la dégénération universelle, que Dohrn a mise en avant.

Bien que cette théorie soit complètement tenue

---

1. *Urpsrung der Wirbelthieren.*

sous un silence méprisant, elle me semble avoir
une grande valeur, relativement à celle de la progression universelle.

L'évidence de la dégénération est admise dans
les cas des Crustacés parasites et des Cirrhipèdes.
Elle est également incontestable dans les groupes
très étendus et très variés de certains organismes
non parasites, tels que les Tuniciers (*Vertebrata
urochordata*) [1].

La destruction de très peu de formes parmi les
Tuniciers nous laisseraient sans preuve de leur
dégénération. Nous devrions donc, en supposant
la prédominance de la progression, considérer les
Tuniciers comme représentant le plus haut som-
met de la complexité structurale à laquelle leur
race a atteint et leur assigner une position fausse.
Evidemment nous sommes sujets à commettre
cette méprise, eu égard à chaque groupe isolé,
mais spécialement dans le cas de très petits groupes
ou genres isolés doués d'une organisation simple.
Le cas est si bien marqué en faveur de la dégénération qu'à présent tout peut être dit contre lui
et en faveur de la progression eu égard à chaque
cas particulier; la doctrine générale de l'évolution

---

1. L'argument entier, quant aux Tuniciers, repose naturellement
sur cette façon de voir, appuyée de beaucoup d'arguments, que l'uro-
chorde larvaire de beaucoup d'entre eux n'est pas un organe larvaire
acquis par une adaptation larvaire, mais est héréditaire et transmise
des ancêtres adultes.

nous justifie, en attribuant à une période ou à une autre une progression des plus simples modes de structure aux plus composés ; c'est ce que nous avons supposé en prenant au moins une série progressive conduisant du monoplaste à l'homme ; *jusqu'à ce que nous ayons une raison spéciale* de nous former une opinion différente sur chaque cas particulier, nous sommes tenus à faire la moindre quantité de suppositions en assignant aux divers groupes d'organismes les places qui leur conviendront, en supposant qu'ils représentent en réalité les séries originaires et progressives. Néanmoins aucun naturaliste ne jugerait très difficile de prouver ou de rendre hautement probable que beaucoup de Protozoaires ne sont pas issus des Entérozoaires par dégénération, que le *Dicyema* n'est pas un Ver plat dégénéré, que toute la souche des Coraux et des Polypes n'est pas une descendance dégénérée d'ancêtres libres, plus développés et semblables à des Vers. C'est pourquoi, lorsque l'hypothèse de la dégénération se présente elle-même comme une solution de quelque difficulté morphologique spéciale, nous n'avons pas besoin d'être retenus par des scrupules ou des préjugés en faveur de la doctrine de la progression universelle.

Dans les tableaux de classification que je donne ci-dessous, j'ai fait usage du terme *phylum*, proposé par Hæckel, au lieu d' « embranchement », « sous-règne » ou « type ».

Les phylums sont autant de grandes branches divergentes de l'arbre généalogique animal. Les classes sont les branches nées des phylums, les ordres sont les branches nées des classes. J'ai introduit le terme « branche » comme équivalent de « sub-phylum » ou « sous-classes », comme le cas l'exigeait.

La plus importante explication qui soit nécessaire ici est relative aux termes *degré* et *appendice*, dont je me suis souvent servi. Tandis que tous les autres termes indiquent des branches généalogiques divergeant d'un point presque commun (ainsi toutes les classes dans un phylum sont supposées diverger d'un point commun, à moins que cela ne soit indiqué autrement) les degrés sont introduits pour indiquer les points écartés des branches. Un certain progrès dans la différenciation de structure sépare les branches d'un degré supérieur de celles d'un degré inférieur. Un appendice est un assemblage d'exemplaires dégradés du groupe auquel ils appartiennent.

CLASSES ET ORDRES DES PROTOZOA

Degré A. — GYMNOMYXA.

Classes.	Ordres.	Exemples.
I. GYMNOMYXA..........	1. HOMOGENE.........	*Protomyxa.* *Protamœba.*
	2. RETICULARIA.....	*Pleurophrys.* *Miliola.* *Nummulites.*
	3. AMOEBOIDEA......	*Arcella.* *Pelomyxa.* *Amœba.*
	4. FLAGELLATA......	*Monas.* *Anthophysa.*
	5. CATALLACTA......	*Magosphœra.*
	6. LABYRINTHULIDA..	*Labyrinthula.* *Chlamydomyxa.*
	7. RADIOLARIA......	*Sphœrozoon.* *Acanthometra.* *Actinospherium.*

Degré B. — CORTICATA.

I. CORTICATA............	GREGARINIDÆ.....	*Monocystis.* *Gregarina.*

Degré C. — STOMATODEA.

I. SUCTORIA........ ....,	SUCTORIA........	*Acineta.* *Ophryodendron.*
II. CILIATA	1. HOLOTRICHA......	*Opalina.* *Trachelius.*
	2. HETEROTRICHA....	*Stentor.* *Paramœcium.*
	3. HYPOTRICHA......	*Euplotes.* *Schizopus.*
	4. PERITRICHA	*Vorticella.* *Peridinium.* *Codonella.*
	5. CALYCATA........	*Tarquatella.*
III. PROBOSCIDEA.......	NOCTILUCIDA.....	*Noctiluca.*

CLASSES DES PORIFERA

I. CALCISPONGIÆ...........................
{ *Ascon.*
Leucon.
Sycon.

II. FIBROSPONGIÆ.......... ....
{ *Euspongia.*
Spongilla.
Thethya.
Euplectella.

III. MYXOSPONGIÆ........................ *Halisarca.*

CLASSES ET ORDRES DES NEMATOPHORA

I. HYDROMEDUSÆ......
- 1. HYDRIFORMES..... { *Hydra, Tubularia.* *Sertularia.*
- 2. SIPHONOPHORA.... { *Physophora.* *Vetella.*
- 3. MONOPSEA....... { *Geryonia.* *Æginopsis.*

II. PODACTINARIA....... PODACTINARIA.... *Lucernaria.*

III. DISCOMEDUSÆ...... DISCOMEDUSÆ.... { *Rhizostoma.* *Aurelia.*

IV. HIDROCORALLINÆ...
- 1. PETROSA......... { *Stylaster.* *Millepora.*
- 2. GRAPTOLITIDÆ.... *Graptolites.*

V. ANTHOZOA...........
- 1. HEXACTINLE....... { *Actinia, Oculina.* *Antipathes.*
- 2. TETRACTINLE..... *Cerianthus.*
- 3. OCTACTINIÆ...... { *Alcyonium.* *Tubipora.*

VI. CTENOPHORA.......
- 1. EURYSTOMA...... *Beroë.*
- 2. SACCATA......... { *Pleurobrachia.* *Callianira.*
- 3. TÆNIATA......... *Cestum.*
- 4. LOBATA.......... *Bolina.*

CLASSES ET ORDRES DES ECHINODERMA

Branche A. — AMBULACRATA.

I. HOLOTHURIDEA.......
- 1. PNEUMONOPHORA.. { *Holothuria.* *Molpadia.*
- 2. APNEUMONA...... { *Oncinolabes.* *Synapta.*

Degré A. — PALÆECHINI.

1. MELONITIDÆ...... *Melonites.*
2. EOCIDARIDÆ...... *Eocidaris.*

II. ECHINOIDEA.........

Degré B. — AUTECHINI.

Branche 1. — DESMOSTICHA.

1. REGULARIA....... { *Echinus.* *Cidaris.*
2. EXOCYCLICA...... { *Galerites.* *Echinoneus.* *Dysaster.*

Branche 2. — PETALOSTICHA.

1. CLYPEASTRIDÆ.... { *Clypleaster.* *Echinocyamus.*
2. SPATANGIDÆ...... { *Ananchytes.* *Pourtalesia.*

Degré A. — ASTERIÆ.

1. COLASTRA........ { *Uraster.* *Solaster.* *Astropecten.*
2. BRISINGASTRA..... *Brisinga.*

III. ASTEROIDEA........

Degré B. — OPHIURÆ.

1. OPHIASTRA....... { *Ophiura.* *Ophiothrix.*
2. PHYTASTRA....... { *Euryale.* *Saccocoma.*

Branche B. — TENTACULATA.

I. CRINOIDEA...........
1. TESSELLATA...... { *Cyathocrinus.* *Marsupites.*
2. ARTICULATA...... { *Comatula.* *Rhizocrinus.*

II. BLASTOIDEA.........
1. ELÆACRINA...... { *Elæacrinus.* *Pentatrematites.*
2. ELEUTHEROCRINA.. *Eleutherocrinus.*

III. CYSTIDEA.............
1. AGELACRINA...... { *Hedriaster.* *Hemicystites.*
2. ECHINENCRINA.... { *Sphæronites.* *Stephanocrinus.*

CLASSES ET ORDRES DES PLATYELMIA

Branche A. — CILIATA.

I. PLANARIÆ	1. RHABDOCOELA	*Mesostomum.* *Microstomum.*
	2. DENDROCOELA.....	*Polycelis.* *Bipalium.*
II. NEMERTINA	1. ANOPLA.........	*Lineus.* *Nemertes.*
	2. ENOPLA.........	*Borlasia.* *Prorhynchus.*

Branche B. — SUCTORIA.

I. TREMATOIDEA	1. MONOGENEA......	*Aspidogaster.* *Polystoma.*
	2. DIGENEA........	*Distoma.* *Monostoma.*
I. CESTOIDEA..........	1. CARYOPHYLLIDEA..	*Caryophyllœus.*
	2. TETRAPHYLLIDEA..	*Tetrarhynchus.* *Phyllobothrium.*
	3. DIPHYLLIDEA	*Echinobothrium.*
	4. PSEUDOPHYLLIDEA.	*Ligula.* *Bothriocephalus.*
	5. CYCLOPHYLLIDEA..	*Tœnia.*
III. HIRUDINEA.........	1. PERICOELA	*Astacobdella.*
	2. BDELLIDEA	*Pontobdella.* *Nephelis.* *Hirudo.*

CLASSES ET ORDRES DES APPENDICULATA.

Branche A. — CHÆTOPODA.

I. OLIGOCHÆTA.........	1. NAIDINA	*Nais.* *Chœtogaster.*
	2. SOENURINA	*Tubifex.* *Enchytræus.*
	3. LUMBRICINA	*Lumbricus.* *Acanthodrilus.*
II. POLYCHÆTA.........	1. VAGANTIA........	*Nereis.* *Polynœ.*
	2. SEDENTARIA	*Arenicola.*
	3. HALISCOLECINA....	*Sabella.* *Capitella.*

Appendix A.............	Myzostoma......	Myzostoma.
Appendix B.............	Archisyllidea ...	{ Saccocirus. { Polygordius.

Branche B. — ROTIFERA.

ROTIFERA.............	1. Arthroptera	Pedalion.
	2. Chœtoptera	{ Triarthra. { Polyarthra.
	3. Loricata	{ Brachionus. { Noteus.
	4. Tubicola........	{ Stephanoceros. { Melicerta.
	5. Belligrada.....	{ Hydatina. { Rotifer.
Appendix.............	Mutica.........	{ Balatro. { Asplachna.

Branche C. — GNATHOPODA (Syn. ARTHROPODA).

Degré A. — MALACOPODA.

I. PERIPATIDEA.............................. Peripatus.

Degré B. — CONDYLOPODA.

Degré A. — ENTOMOSTRACA.

I. CRUSTACEA...........	1. Cirrhipedia......	{ Lepas. { Peltogaster.
	2. Copepoda	{ Cyclops. { Lernœa.
	3. Ostracoda......	{ Cypris. { Cypridina.
	4. Branchiopoda....	{ Daphnia. { Apus.

Degré B. — MALACOSTRACA.

Branche A. — THORACOSTRACA.

	1. Schizopoda......	{ Mysis. { Thysanopus.
	2. Stomapoda......	Squilla.
	3. Decapoda	{ Astacus. { Pagurus.
	4. Cumacea	Diastylis.

I. CRUSTACEA	Branche B. — ARTHROSTRACA.		
	1. ISOPODA	Oniscus. Anilocra. Tanais. Praniza.	
	2. AMPHIPODA	Gammarus. Hyperia. Cyamus.	

Branche B. — ARTHROSTRACA.

I. CRUSTACEA

- 1. ISOPODA — *Oniscus. Anilocra. Tanais. Praniza.*
- 2. AMPHIPODA — *Gammarus. Hyperia. Cyamus.*

Degré A. — MASTICANTIA.

II. INSECTA
1° HEXAPODA

- 1. TOCOPTERA — *Campodea. Libellula. Phryganea. Termes. Blatta.*
- 2. COLEOPTERA — *Dytiscus. Stylops.*
- 3. HYMENOPTERA — *Vespa. Formica.*

Degré B. — SUGENTIA.

- 1. RHYNCOTA — *Aphis. Cicada. Nepa. Cimex.*
- 2. DIPTERA — *Musca. Tipula.*
- 3. LEPIDOPTERA — *Papilio. Sphinx.*

III. INSECTA (Suite)
2° MYRIAPODA

- 1. CHILOGNATA — *Julus. Polyzonium.*
- 2. CHILOPODA — *Scolopendra. Scutigera.*

Br. A. — TRACHEOPULMONATA.

IV. ARACHNIDA

- 1. SCORPIONIDEA — *Scorpio. Chelifer.*
- 2. PEDIPALPA — *Phryne. Iyphonus.*
- 3. GALEODEA — *Galeodes.*
- 4. ARANEIDA — *Mygale. Lycosa.*

	5. PHALANGIDA......	*Opilio.* *Gonyleptus.*
	6. ACARINA.........	*Hydrachna.* *Demodex.*
IV. ARACHNIDA......	**Br. B. — BRANCHIOPULMONATA.**	
	1. XIPHOSURA.......	*Limulus.*
	2. EURYPTERINA.....	*Pterygotus.* *Slimonia.*
	3. TRILOBITINA.....	*Phacops.* *Illenus.*
	Appendice. — METARACHNÆ.	
	1. LINGUATULINA....	*Linguatula.*
	2. TARDIGRADA......	*Arctiscon.* *Macrobiotus.*
	3. PYCNOGONIDA.. ..	*Pycnogonum.* *Phoxochilidium.*

CLASSES ET ORDRES DES MOLLUSCA

Branche A. — EUCEPHALA.

Degré A. — LIPOGLOSSA.

SOLECOCMORPHA............................... *Neomenia.*

Degré B. — ECHINOGLOSSA

	Degré a. — AMPHOMOEA.	
	1. POLYPLACOPHORA .	*Chiton.* *Chitonellus.*
	Degré b. — COCHLIDES.	
I. GASTROPODA.........	1. AUTOCOCHLIDES...	*Patella.* *Buccinum.*
	2. NATANTIA........	*Atlanta.* *Pterotrachea.*
	3. CRYPTOCOCHLIDES .	*Aplysia.* *Eolis.*
	4. PULMONATA	*Limax.* *Limnæus.*

Grade *a*. — PTEROPODA.

II. CEPHALOPODA........

1. THECOSOMA ...... { *Hyalæa.* / *Criseis.*

2. GYMNOSOMA...... { *Clio.* / *Pneumodermon.*

Grade *b*. — SIPHONOPODA.

1. TETRABRANCHIA... { *Orthoceras.* / *Nautilus.*

2. DIBRANCHIA ...... { *Spirula.* / *Loligo.*

III. SCAPHOPODA............................. *Dentalium.*

Branche B. — LIPOCEPHALA.

Branche a. — HOLOBRANCHIA.

Degré *a*. — ECTOPROCTA.

I. TENTACULIBRANCHIA (BRYOZOA)..............

1. PHYLACTOLÆMA... { *Lophopus.* / *Plumatella.*

2. GYMNOLÆMA...... { *Paludicella.* / *Flustra.*

Degré *b*. — ENTOPROCTA.

PEDICELLINEA .... { *Pedicellina.* / *Loxosma.*

Br. b. — PTEROBRANCHIA.

PODOSTOMA...... *Rhabdopleura.*

II. SPIROBRANCHIA (BRACHIOPODA)..............

1. ECARDINES....... { *Discina.* / *Lingula.*

2. TESTICARDINES.... { *Terebratula.* / *Spirifer.*

III. LAMELLIBRANCHIA..

1. ASIPHONIA .... { *Arca.* / *Unio.*

2. SIPHONATA....... { *Venus.* / *Teredo.*

CLASSES DES GEPHYRÆA

I. ECHIURIDÆ............................... { *Echiurus.* / *Bonellia.*

6.

II. PRIAPULIDÆ .... Priapulus. / Halicryptus.

III. SIPUNCULIDÆ .... Sipunculus. / Aspidosiphon.

IV. PHORONIDÆ .... Phoronis.

SUBDIVISIONS DES NEMATOIDEA

I. NEMATOIDEA ....

1. ASCARIDÆ .... { Ascaris. / Oxyuris.
2. STRONGILIDÆ ..... { Strongylus. / Cucullanus.
3. TRICHINIDÆ ...... { Trichocephalus. / Trichina.
4. FILARIDÆ .... { Dracunculus. / Spiroptera.
5. MERMITHIDÆ ..... { Mermis. / Sphærularia.
6. GORDIIDÆ .... Gordius.
7. ANGUILLULIDÆ ... { Tylenchus. / Rhabditis.
8. ENOPLIDÆ .... { Dorylaimus. / Enchelidium.
9. CHÆTOSOMIDÆ .... { Chætosoma. / Rhabdogaster.

CLASSES ET ORDRES DES VERTEBRATA

Branche A. — UROCHORDA.

I. LARVALIA .... { Appendicularia. / Kowalewskyia.

II. SACCATA ....
1. ASCIDIÆ .... { Ascidia. / Clavellina. / Botryllus.
2. LUCIÆ .... Pyrosoma.
3. THALIACEA ...... { Salpa. / Doliolum.

Branche B. — CEPHALOCHORDA.

I. LEPTOCARDIA ...., ... Amphioxus.

Branche C. — CRANIATA.

Degré A. — CYCLOSTOMA (Monorrhina).

. HYPEROTRETA........................... { *Myxine.* / *Bdellostoma.*

II. HYPEROARTIA........................... *Petromyzon.*

Degré B. — GNATHOSTOMA (Amphirrhina).

Sous-degré A. — *Heterodactyla branchiata.*
I. PISCES. Voyez le tableau particulier.
II. DIPNOI. Voyez le tableau particulier.
Sous-degré B. — *Pentadactyla branchiata.*
I. AMPHIBIA. Voyez le tableau particulier.
Sous-degré C. — *Pentadactyla lipobranchia.*

Branche A. — MONOCONDYLA.

I. REPTILIA. Voyez le tableau particulier.
II. AVES. Voyez le tableau particulier.

Branche B. — AMPHICONDYLA.

I. MAMMALIA. Voyez le tableau particulier.

DIVISION DES HÉTERODACTYLA

Classe I. — PISCES.

I. SELACHII .... { 1. SQUALI .... { *Heptanchus.* / *Squatina.* } ; 2. RAII .... { *Raia.* / *Torpedo.* }

II. HOLOCEPHALI........................... { *Chimœra.* / *Callorhynchus.* }

III. GANOIDÆ .... { 1. STURIONES .... { *Acipenser.* / *Polyodon.* } ; 2. POLYPTERINI...... { *Polypterus.* / *Calamoichthys.* } ; 3. LEPIDOSTEINI ..... { *Lepidosteus.* / *Palœoniscus.* } ; 4. AMIADINI......... *Amia.* }

<table>
<tr><td rowspan="12">III. GANOIDÆ...........</td><td>5. Cephalaspidæ....</td><td>Cephalaspis.
Pteraspis.</td><td rowspan="12">Extinct.</td></tr>
<tr><td>6. Placodermi.....</td><td>Pterichthys.
Coccosteus.</td></tr>
<tr><td>7. Acanthodini....</td><td>Acanthodes.
Diplacanthus.</td></tr>
<tr><td>8. Pycnodontidæ...</td><td>Pycnodon.
Platysomus.</td></tr>
<tr><td>9. Cælacanthini....</td><td>Cœlacanthus.</td></tr>
<tr><td>10. Dipterini.......</td><td>Holoptychius.
Osteolepis.</td></tr>
</table>

IV. TELEOSTEI.........

Branche A. — PHYSOSTOMI.

1. Abdominales.....	Clupea, Salmo. Esox, Cyprinus, Silurus. Mormyrus.
2. Apodes.........	Murœna, Conger. Gymnotus.

Branche B. — PHYSOCLISTI.

1. Anacanthini.....	Gadus. Pleuronectes.
2. Pharyngognathi.	Belone. Labrus.
3. Acanthopteri....	Perca, Trigla. Zeus, Cyclopterus. Lophius.

Branche C. — PLECTOGNATHI.

1. Plectognathi....	Ostracion. Diodon.

Branche D. — LOPHOBRANCHII.

2. Lophobranchii....	Syngnathus. Hippocampus.

Classe II. — DIPNOI.

SUBCLASSE.............	1. Monopneumones..	Ceratodus.
	2. Dipneumones.....	Protopterus. Lepidosiren.

SOUS-CLASSES

ET ORDRES DES PENTADACTYLA BRANCHIATA

I. LISSAMPHIBIA.........
- 1. URODELA .... { *Proteus.* / *Salamandra.*
- 2. ANURA .... { *Rana.* / *Dactyletrha.*

II. PHRACTAMPHIBIA....
- 1. LABYRINTHODONTA. *Archegosaurus.*
- 2. GYMNOPHIONA ..... { *Cœcilia.* / *Siphonops.*

CLASSES

ET ORDRES DES LIPOBRANCHIA MONOCONDYLA

Classe I. — REPTILIA.

I. CHELONIA.. { *Chelonia, Trionyx.* / *Emys, Chelys.* / *Testudo.*

II. LEPIDOSORIA.........

Branche A. — SAURIA.

- 1. ANNULATA .... { *Amphisbœna.* / *Chirotes.*
- 2. VERMILINGUIA .... *Chamœleon.*
- 3. CRASSINLIGUIA.... { *Platydactylus.* / *Ignana.*
- 4. BREVILINGUIA..... { *Anguis.* / *Cyclodus.*
- 5. FISSILINGUIA...... { *Lacerta.* / *Monitor.*

Branche B. — OPHIDIA.

- 1. OPODERODONTA ... { *Stenostoma.* / *Typhlops.*
- 2. COLUBRIFORMIA ... { *Python.* / *Coluber.*
- 3. PROTEROGLYPHA .. { *Naja.* / *Hydrophis.*
- 4. SOLENOGLYPHA ... { *Vipera.* / *Crotalus.*

III. PTEROSAURIA .... { 1. RHAMPHORHYNCHIA . *Rhamphorhynchus.*
                          { 2. PTERODACTYLA.... *Pterodactylus.*

IV. DIGYNODONTA.......................... { *Dicynodon.*
                                          { *Rynchosaurus.*

V. ORNITHOSCELIDA .... { *Megalosaurus.*
                                       { *Iguanodon.*
                                       { *Compsognathus.*

VI. CROCODILIA .... { 1. TELEOSAURIA..... *Teleosaurus.*
                        { 2. STENEOSAURIA.... *Steneosaurus.*
                        { 3. ALLIGATORES ..... { *Crocodilus.*
                        {   { *Gavialis.*
                        {   { *Alligator.*

Classe II. — AVES.

{ 1. SAURURE .... *Archaeopteryx.*
{ 2. RATITE .... { *Struthio.*
{   { *Apteryx.*
{ 3. CARINATE .... { *Anser.*
{   { *Psittacus.*

GRADES
ET ORDRES DES LIPOBRANCHIA AMPHICONDYLA

Classe MAMMALIA

Grade A. — CLOACALIA.

{ 1. PLATYPODA.......... *Ornithorhynchus.*
{ 2. ECHIDNIDE .... *Echidna.*

Grade B. — MARSUPIALIA.

1. BARYPODA .... *Nototherium.*
2. MACROPODA ...... { *Macropus.*
                    { *Hypsiprymnus.*
3. RHIZOPHAGA ...... *Phascolomys.*
4. CARPOPHAGA ..... { *Phascolarctus.*
                    { *Phalangista.*
5. CANTHAROPHAGA .. { *Perameles.*
                    { *Myrmecobius.*
6. EDENTULA .... *Tarsipes.*
7. CREOPHAGE ...... { *Dasyurus.*
                    { *Thylacinus.*
8. PEDIMANA........ { *Didelphys.*
                    { *Chironectes.*

Grade C. — PLACENTALIA.

I. EDENTATA	1. BRADYPODA	*Mégatherium.* *Chlolœpus.*
	2. EFFODIENTIA......	*Myrmecophaga.* *Manis.* *Orycteropus.* *Dasypus.*
II. UNGULATA..........	1. PERISSODACTYLA ..	*Equus.* *Tapirus.*
	2. ARTIODACTYLA....	*Sus.* *Bos.*
	3. SIRENIA..........	*Halicore.*
III. PROBOSCIDEA	PROBOSCIDEA.....	*Elephas.* *Dinotherium.*
IV. CHELOPHORA........	HYRACOIDEA	*Hyrax.*
V. CARNARIA.......... ..	1. CARNIVORA......	*Canis.* *Ursus.* *Felis.*
	2. PINNIPEDIA......	*Phoca.* *Trichecus.*
	3. CETACEA.........	*Balœna.* *Squalodon.*
VI. DISCOPLACENTALIA..	1. PROSIMIÆ........	*Cheiromys.* *Lemur.*
	2. RODENTIA........	*Lepus.* *Sciurus.*
	3. INSECTIVORA......	*Erinaceus.* *Talpa.*
	4. CHEIROPTERA.....	*Pteropus.* *Vampyrus*
	5. SIMIÆ...........	*Hapale.* *Mycetes.* *Macacus.* *Homo.*

Coulommiers. — Typographie PAUL BRODARD.